Albert Einstein

Albert Einstein: And the Frontiers of Physics
Copyright ⓒ 1996 by Jeremy Bernstein
All rights reserved.
Korean Translation Copyright ⓒ 2025 By BADA Publishing Co., Ltd.
Albert Einstein: And the Frontiers of Physics was originally published in English in 1996. This translation is published by arrangement with Oxford University Press through Imprima Korea Agency. BADA Publishing Co., Ltd. is solely responsible for this translation from the original work and Oxford University Press shall have no liability for any errors, omissions or inaccuracies or ambiguities in such translation or for any losses caused by reliance thereon.

이 책은 Imprima Korea Agency를 통한 Oxford Publishing Ltd.사와의 독점 계약으로 (주)바다출판사에서 출간되었습니다. 저작권법에 의해 한국 내에서 보호를 받는 저작물이므로 무단 전재와 복제를 금합니다.

과학자는  어떻게?

아인슈타인
어떻게 상대성이론을 알아냈을까?

제레미 번스타인 지음
이상헌 옮김

바다출판사

목차

❶ 어린 시절, 과학에 대한 기억들 10

오랫동안 생각한 뒤에야 말을 했던 아이, 획일적이고 폭력적인 독일 군사 문화에 거부감이 있었던 유대인 꼬마가 바로 아인슈타인이다. 자연 현상에 끊임없이 호기심을 가졌던 그는 어렸을 때 일정한 방향을 가리키고 있는 나침반의 바늘 뒤에 숨은 원리와 피타고라스 정리를 증명해낸다. 그가 20대 청년이 되었을 때는 바로 뉴턴의 '고전 물리학'이 붕괴되기 시작하던 시기였다. 이런 시대적인 분위기 속에서 아인슈타인은 기존의 물리학에서 벗어난 신선한 시각으로 사물을 바라볼 수 있었다.

❷ 기적의 해, 1905년 40

취리히 연방 공과대학교(ETH)를 졸업한 후 베른에 있는 국립 특허국 사무소에 겨우 취직한 아인슈타인은 실험실에서는 할 수 없는 것을 상상 속에서 실험해 보는 '사고 실험'을 즐겼다. 그중 하나가 '어떤 물체가 빛의 속도에 이를 때까지 계속해서 가속한다면 어떤 현상이 일어날까?' '물체가 빛의 속도를 따라갈 수 있을까?' 하는 것들이었다. 열여섯 살에 이 물음의 해답을 찾은 아인슈타인은 시간의 본질 문제를 해결한 후에야 자신의 이론을 만들었다. 그것은 바로 $E=mc^2$. 이 공식은 1905년을 기적의 해로 만들었다.

❸ 양자에 대한 놀라운 이야기　　　　　　　　76

위대했지만 1905년 당시 거의 주목을 받지 못했던 아인슈타인의 연구 결과는 막스 플랑크의 연구를 통해 양자이론과 빛의 입자설로 발전했다. 아인슈타인은 '빛은 연속적인 파동의 모양으로 움직이는 것이 아니라 빛 속의 에너지 양자가 한곳에서 다른 곳으로 순간적인 불연속 이동을 한다'라고 밝혔다. 그는 파동이면서 입자인 빛의 이중적 성질을 평생 동안 끊임없이 탐구했다.

❹ 뉴턴을 무너뜨린 새로운 중력 이론　　　　100

천문학자들은 매년 행성이 어떻게 움직이는지 궤도상에서 태양에 가장 가까운 점인 근일점에 주목해 관찰한다. 그런데 그들 중 프랑스 천문학자 르베리에는 수성 궤도의 근일점이 1세기에 38초씩 이동하는 것을 발견했다. 그 원인은 무엇인가? 아인슈타인은 그 원인으로 태양의 강력한 중력에 의해 별빛이 휘어진다는 가설을 세웠다. 그리고 영국 탐사대는 1919년 이 현상을 직접 확인했다.

목차

❺ 아인슈타인의 우주론　　132

아인슈타인은 우주를 어떻게 생각했을까? 닫힌 타원 모양이고 끝이 없으며 팽창도 수축도 없다고 생각했다. 그러나 러시아 사람인 프리드만의 반박을 받는다. 이에 당대 최고의 물리학자 아인슈타인은 그의 의견에 동의하면서 자신의 상대성이론을 수정한다. 그러나 팽창하는 우주에 대한 모형을 처음으로 제시한 사람은 천문학자 빌럼 더시터르이다.

❻ 양자이론의 혁명　　142

"전자는 입자의 속성뿐 아니라 파동의 속성도 가지고 있다." 이 주장은 드 브로이의 연구 성과였다. 이것은 빛이 파동의 속성뿐 아니라 입자의 속성도 가지고 있다는 생각과도 일치한다. 이후 양자이론의 혁명을 이룬 사람은 슈뢰딩거이다. 그는 파동에 시간의 의미를 부여해 '슈뢰딩거 방정식'을 만들었다. 아인슈타인은 슈뢰딩거에게 찬사를 아끼지 않았으나 그 방정식의 진정한 의미를 받아들이지는 않았다.

❼ 낯선 안식처, 미국에서의 말년　　162

베를린에서 아인슈타인은 동료들과 학생들과 행복하게 지냈다. 하지만 1920년대부터 불기 시작한 반유대주의와 1905년 노벨 물리학상을 받은 열성적인 나치당원 레나르트의 공격을 받고 정든 독일을 떠나 낯선 안식처 미국에 정착한다. 그는 그곳에서 한 노교수로서 가족들과 평온하고 소박한 삶을 살다가 죽음을 맞이한다.

⑧ 아인슈타인의 유산 196

원자폭탄과 우주의 생성과 소멸을 밝히는 데 지대한 역할을 한 아인슈타인. 그는 현대 물리학의 기초가 되는 많은 것들을 만든 위대한 고전 물리학의 마지막 주자였다. 그렇다면 그가 남긴 유산은 무엇인가? 최근 물리학계에서는 양자이론의 토대들에 대한 재검토가 유행하고 있다. 이제 양자를 개연성이나 불확실성의 개념이 아닌 더 확실한 구조로 설명하려는 아인슈타인의 생각을 실험으로 검증하려고 하는 것이다.

저자의 말 내 삶의 방향을 바꾸어 놓은 사람 **206**

1879년 3월 14일,
아인슈타인은 슈바벤쥐라산맥 기슭에 있는
남부 독일의 울름에서 태어났다.
이 도시의 반호프 거리 135번지에 있던 그의 생가는 안타깝게도
제2차 세계대전 중 폭격으로 흔적도 없이 파괴되었다.

exhaustive
1
어린 시절, 과학에 대한 기억들

여동생 마야와 함께 있는 다섯 살 때의 아인슈타인

아인슈타인의 아버지 헤르만 아인슈타인과 어머니 파울리네 코흐 아인슈타인은 모두 유대인이었다.

그러나 그들은 여느 유대인들과는 달리 자식들에게 아브라함이나 사라와 같은 구약 성서식 이름 대신에 아들에게는 알베르트, 두 살 어린 딸에게는 마리아라는 전통적인 독일식 이름을 지어 주었다. 이는 아인슈타인의 부모가 정통 유대교와 어느 정도 거리를 두었다는 것을 말해 준다. 그렇지만 아인슈타인의 출생 증명서 종교 칸에는 '유대교'라는 글자가 선명하게 찍혀 있었다.

이 점에 비추어, 그가 만약 독일의 같은 도시에서 50년 정도 일찍 태어나거나 혹은 늦게 태어났다면 현대 과학의 역사가 어떻게 달라졌을지 상상해 보는 것은 흥미롭다.

어려운 시절을 피해 태어난 아인슈타인

아인슈타인이 태어나기 8년 전까지만 해도 유대인들은 독일에서 시민의 권리를 제대로 누릴 수 없었다. 더구나 19세기 초까지만 해도 게토라는 유대인 강제 격리 구역에서 살면서 '유대인'임을 나타내는 특별한 노란 배지를 달고 생활해야만 했다(아인슈타인이 태어나고 약 50년 후에 나치가 이를 다시 부활시켰다). 또 유대인들은 대학 입학조차 어려웠고, 일부 특정한 직업만 가질 수 있었다.

만일 아인슈타인만큼 재능 있는 사람이라도 당시의 게토

에서 태어났다면, 세상의 주목을 끌지도 못하고 사라졌거나 유대교에 심취한 학자가 되었을 것이다.

19세기 중반까지 유럽에서 중요한 업적을 이룬 과학자들 중에 유대인은 한 명도 없다. 따라서 아인슈타인 부모의 가족과 친척 중에서 과학적으로 두드러진 재능을 보인 사람이 없었던 것은 당연한 일인지도 모른다.

반면에 아인슈타인이 실제보다 50년 후에 태어났더라면 어떠했을까? 그 시기는 독일에서 불기 시작한 나치즘의 광풍과 겹친다. 다른 나라로 이주한 소수의 유대인들처럼 운이 좋지 않았다면, 그는 강제 수용소로 끌려가 끔찍한 죽임을 당했을 것이다. 아이러니하게도 그는 실제로 1932년 독일을 떠날 수밖에 없었고, 다시는 돌아가지 못했다.

어쨌든 아인슈타인이 1879년에 태어났다는 것은 과학사적으로도 큰 의미가 있다. 그가 20대 초반의 청년으로 성장했을 때는 뉴턴의 '고전 물리학'이 붕괴되기 시작하던 시기였다. 청년 아인슈타인은 그런 시대적인 분위기 속에서 기존의 물리학에서 벗어난 신선한 시각으로 사물들을 바라보고 새로운 이론을 펼칠 수 있었다.

고전 물리학
현대 물리학이 나오기 전인 20세기 초까지의 물리학을 말한다. 뉴턴 역학과 맥스웰의 전자기학을 토대로 이루어진 것으로 최근에는 특수상대성이론을 포함하는 경우도 있다.

오랫동안 생각한 뒤에야 말을 했던 아이

마야란 애칭으로 불리던 아인슈타인의 여동생 마리아는 오빠와 매우 사이가 좋았다. 그녀는 오빠에 관해 짧은 전기 글을 남겼다. 아인슈타인은 하고 싶은 말을 꾹 참다가 울화통을 터뜨리곤 한 것으로 묘사돼 있다.

"화가 나면 오빠는 얼굴이 창백해지고 코끝의 핏기가 사라지면서 자제력을 잃었어요."

어린 시절의 아인슈타인은 말을 하기 전에 아주 한참을 뜸을 들이는 버릇이 있었다.

만년에 아인슈타인은 그때를 회상하면서 이미 두세 살쯤부터 완전한 문장으로 말하려는 욕심이 있어 무언가를 말하기 전에 조용히 혼잣말로 연습을 했다고 한다.

말하기를 어떻게 배웠는지를 기억할 수 있는 어른들은 거의 없다. 그러나 아인슈타인은 뉴턴 이후 가장 위대한 과학자라고 불리게 된 뒤부터 그의 정신 작용이 보통 사람과 어떻게 다르냐는 질문을 자주 받았다. 그래서 아인슈타인은 자신의 정신 작용이 어떻게 발전해왔는가를 자연스럽게 생각하게 되었고, 그 과정에서 말하는 것을 어떤 식으로 배웠는지를 생각해 낸 것 같다.

일생 동안 벗이 되었던 음악

어머니가 음악을 좋아했기 때문에 아인슈타인 남매는 아주 어렸을 때부터 음악 교육을 받을 수 있었다. 아인슈타인은 여섯 살 때부터 열세 살까지 바이올린 레슨을 받았다. 그 후로도 아인슈타인은 늙어서 힘이 없어질 때까지 정기적으로 바이올린을 켜곤 했다.

그의 바이올린 연주 솜씨가 어느 정도였는지는 잘 알려져 있지 않지만, 모든 분야의 유명한 음악인들이 그와 함께하기를 원했다. 하지만 그들 대부분은 아인슈타인이 위대한 물리학자라는 사실에 더욱 매료되었던 것 같다.

파울리네 아인슈타인
아인슈타인의 어머니는 부유한 상인 집안 출신으로, 타고난 유머 감각을 지녔다. 음악을 좋아했고, 특히 피아노를 멋지게 연주했다.

아인슈타인은 음악 때문에 몇 사람과 흥미로운 친분 관계를 맺게 됐다.

1911년 초에 과학적으로 다소 엉뚱한 아이디어를 가진 벨기에의 부유한 사업가 에르네스트 솔베이가 모임 하나를 만들었다. 아마도 자신이 이 모임에 드는 경비를 책임진다면 자신의 생각에 귀를 기울여 줄 우수한 과학자들을 곁에 둘 수 있으리라 생각했던 것 같다. 그러나 일단 모임이 시작되자 모임에 참석한 과학자들은 솔베이의 아이디어에 귀를 기울이기보다는 서로의 의견을 교환하기에 바빴다.

뮌헨 마리엔 광장 전경
아인슈타인은 뮌헨에서 14살 때까지 살았다.

아인슈타인은 이 모임에서 벨기에의 왕과 왕비를 알게 되었다. 그는 가끔 이들을 방문하여 바이올린을 연주하기도 했다. 아인슈타인은 이때의 일을 아내에게 띄운 편지에서 이렇게 묘사하고 있다.

3시쯤 차를 몰고 벨기에 국왕 부처에게 갔는데, 정말 따뜻하게 맞아 주었어. 이 사람들만큼 순수하고 친절한 사람들은 보기 드물 거야. 먼저 우리는 한 시간 정도 이야기를 나누었어. 그러고 나서 영국인 여성 음악가가 도착했고, 이어서 우리는 4중주와 3중주를 연주했지(음악을 돕는 시녀도 있었어). 몇 시간 동안이나 계속된 즐거운 연주였어.

획일적이고 폭력적인 군사 문화에 대한 거부감

아인슈타인의 아버지는 아들이 한 살이었을 무렵부터 동생 야코프와 함께 전기 공사 및 배관 사업을 시작했다. 그는 처가에서 재정적 지원을 받아 대도시 뮌헨에서 사업을 벌였지만 그다지 성공하지는 못했다.

어린 아인슈타인은 아버지의 사업 때문에 뮌헨에서 14년간 살면서, 초등학교를 그곳에서 마쳤다. 아인슈타인의 부모는 아인슈타인을 유대인 학교가 아닌 가톨릭 학교로 보냈는데, 그 학교가 좀 더 나은 일반적인 교육을 시킬 것이라고 믿었기 때문이다. 아인슈타인은 자신이 다니던 학교에서 유

헤르만 아인슈타인
아인슈타인의 아버지는 어릴 때 수학에 특별한 취미가 있었으나 집안이 어려워 그 뜻을 펴지 못하고 사업을 하기로 결심했다.

일한 유대인이었지만 별다른 문제는 없었던 것 같다.

당시 시의 지원을 받던 대부분의 학교들은 군사적인 전통을 지니고 있었는데, 아인슈타인이 다니던 학교도 마찬가지였다. 아인슈타인은 처음부터 그런 군사적인 분위기가 싫었다.

아인슈타인은 아주 어렸을 때도 군인들과는 결코 놀지 않았으며, 동정심 섞인 경멸감을 품고 군대의 행진을 바라보았다. 이런 감정들은 어른이 되어서도 변하지 않았고, 일생 동안 지속되었다.

아인슈타인은 제1차 세계대전 동안에 반전 운동가로 활동하기도 했다. 하지만 독일에 아돌프 히틀러가 등장한 1930년대에 와서는 오로지 무력으로만 히틀러를 막을 수 있다고 생각을 바꾸었다.

이해되지 않는 것들을 이해하려는 열정

아인슈타인을 가르쳤던 선생님들은 그에게 어떤 특별한 재능이 있다는 인상을 받지 못했다. 다른 위대한 이론물리학자들이 열 살도 되기 전에 미적분이나 암산에 뛰어난 재능을 보이는 것에 비해 아인슈타인은 별다른 재능을 보이지 않았다. 오히려 선생님들은 아인슈타인의 장래가 그다지 유망하지 않으며, 공상하기 좋아하는 아이라고 생각하였다.

하지만 이 시기의 아인슈타인은 두 사건을 통해 과학에 대한 강한 호기심을 갖게 되었다. 그 두 가지는 이후에 그가 연구한 분야들과 밀접한 관련이 있으며, 그 기억들을 그는 '경이'라는 단어로 표현했다.

대부분의 사람들은 주변의 자연을 보면서 호기심을 느낀다. 구름은 왜 하늘에 떠 있는 걸까? 계절은 왜 변하는 걸까? 물은 왜 끓는 걸까? 식물들은 왜 초록색이고, 하늘은 왜 푸른색일까?

과학자들이 일반인들과 다른 점은 수많은 밤을 새우면서까지 이런 물음들에 대한 답을 알아내려고 한다는 것이다.

아인슈타인도 어린 시절부터 자연 현상에서 느끼는 경이로움의 원인을 알아내고 싶은 강렬한 욕구를 느꼈다. 아인슈타인에게 '경이'란 어떤 것을 이해하지 못한다는 느낌이었다. 동시에 이 느낌은 두려움이나 공포를 자아내기도 했는데, 오로지 그것의 원인을 이해했을 때만 해소될 수 있을 것 같았다.

과학에 대한 첫 번째 기억
- 나침반의 바늘 뒤의 숨은 원리를 찾아서

과학에 대한 아인슈타인의 첫 번째 기억은 다섯 살 무

자기
자석이 갖는 성질로, 쇳조각을 끌어당기거나 남북을 가리킨다. 전기를 띤 알갱이가 운동하면서 자기가 미치는 공간을 형성한다.

상대성이론
아인슈타인에 의해 확립된 물리학 이론이다. 시간과 공간이 절대성을 가지고 있다는 개념을 부정하고, 관찰하는 사람의 운동 상태에 따라 다른 의미를 갖는다는 이론이다.

럽 아버지가 보여 준 나침반이었다. 아무도 건드리지 않아도 나침반의 바늘은 자신이 가리켜야 할 방향을 알고 있는 것처럼 일정하게 움직였다.

아인슈타인은 그때의 기억을 이렇게 적고 있다.

"나침반의 바늘이 어떤 결정된 방식으로 움직인다는 경험은 내게 심오하고도 영속적인 인상을 주었다. 나는 사물들 뒤에 무언가가 깊숙이 감춰져 있다고 생각했다."

과학자는 그런 경이의 느낌을 마술에서 느낄 수 있는 신기함과 구별하여 그것이 왜 일어나는지, 그리고 좀 더 일상적인 것들과 어떤 관련이 있는지를 알아내려는 사람들이다.

과학에 대한 아인슈타인의 첫 번째 기억이 '자기'와 관련이 있다는 것은 인상적이다. 왜냐하면 아인슈타인의 '상대성이론'이 이룩한 업적들 중 하나가 바로 '자기'와 '전기'가 '전자기'라 불리는 단일한 현상임을 밝힌 것이기 때문이다.

쑥쑥 자라나는 지적인 능력

열두 살 무렵 아인슈타인은 초등학교를 졸업하고 김나지

움에 합격했다. 김나지움의 수준은 아주 높아서 그곳의 선생님들 중에는 책을 펴냈거나 중요한 과학 실험을 했던 학자들도 있었다. 그런 선생님들 밑에서 공부하게 된 아인슈타인은 혼자 교양 과학 서적을 찾아서 읽을 만큼 지적인 능력이 향상되었다.

아인슈타인에게 그런 책들을 권한 것은 러시아 출신의 가난한 유대인 학생인 막스 탈무드였다. 아인슈타인 가족들은 그다지 종교적이지 않았지만, 가난한 학자를 초대하여 함께 식사하는 유대인의 관습을 따라 매주 목요일 정오에 탈무드를 초대했다. 이때 탈무드가 아인슈타인에게 추천한 책들 가운데는 자연과학에 관한 교양 서적이 몇 권 있었다. 탈무드와 아인슈타인은 이런 책들에 관해 토론하면서 많은 시간을 보냈다.

과학에 대한 두 번째 기억 - 피타고라스의 정리

여기에나 아인슈타인의 삼촌 야코프가 이제 막 싹트기 시작한 수학에 대한 조카의 관심을 북돋워 주었다. 그는 아인슈타인이 풀 수 있을 만한 대수학과 기하학 문제를 자주 냈다.

삼촌이 낸 문제들 중 하나가 직각삼각형에 관한 '피타고라스의 정리'를 증명하는 것이었다. 삼촌은 이 문제를 내고 나서 아인슈타인에게 기하학 교과서를 주었고, 아인슈타인은 그 책을 통해 "완전히 다른 성질의 두 번째 경이"를 경험

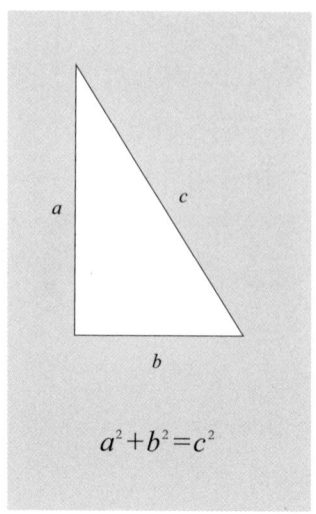

피타고라스 기원전 572~492
고대 그리스의 철학자·수학자. 사모스 섬 태생으로 수를 만물의 근원으로 보았다. 영혼 불멸이나 윤회를 믿는 종교 교단을 조직하기도 했다.

피타고라스의 정리
'직각삼각형의 빗변을 한 변으로 하는 정사각형의 넓이는 다른 두 변을 각각 한 변으로 하는 두 정사각형의 넓이의 합과 같다'라는 정리이다.

하게 되었다.

아인슈타인은 일반인들이 '공리'로 받아들이면서 아무도 증명하려 하지 않았던 당연한 사실들에 도전했다. 기하학 책에 나온 단정적인 말들을 증명하는 과정에서 발견한 명료함과 확실성의 매력은 아인슈타인에게 깊은 인상을 남겼다. 아인슈타인은 당시의 그런 노력을 이렇게 회상했다.

"나는 많은 노력 끝에 모양이 닮은 세 삼각형을 이용하여 피타고라스의 정리를 '증명'하는 데 성공했다. 그 과정에서 직각삼각형들의 변들의 관계가 전적으로 한 예각에 의해 결정된다는 것이 '명백해' 보였다. 그때 나는 '명백해' 보이지 않는 것들만 '증명'해야 한다고 생각하게 되었다."

학교에서 쫓겨난 아인슈타인

아인슈타인의 아버지는 뮌헨에서 벌인 사업이 성공을 거두지 못하자 1894년에 가

1889년 초등학교 시절의 아인슈타인
당시 학교의 군사적인 분위기가 한눈에 보인다. 앞줄 오른쪽에서 세 번째가
아인슈타인이다.

1893년 뮌헨에서 김나지움에 다니던 시절의 아인슈타인

족 전부를 데리고 이탈리아로 이사했다. 그러나 아인슈타인만은 김나지움의 교육 과정을 마치기 위해 뮌헨에 홀로 남아 먼 친척집에 머물렀다.

아인슈타인은 세상 사람들이 오해하고 있는 것처럼 열등생은 아니었다. 그는 대체로 우수한 학생이었다. 하지만 선생님들에게 예의 바르지 못하다는 인상을 주기는 했다.

그즈음 김나지움의 학생들은 모두 제복을 입었고, 선생님을 '대장님'이라고 불렀다. 이처럼 엄격하고 군사적인 김나지움의 분위기는 자유로움을 추구하는 아인슈타인의 마음을 무겁게 누르기 시작했다.

어쨌든 아인슈타인은 뮌헨에서 6개월 동안 혼자 지내고 난 뒤 탈출을 결심했다. 우선, 그는 의사에게서 신경쇠약을 앓고 있다는 진단서를 받아 냈다. 그리고 수학 선생님에게는 그의 수학적 지식과 능력이 대학 공부를 위해 충분하다는 확인서를 받아 냈다.

하지만 이 모든 노력이 소용없게 될 일이 생겼다. 담임 선생님이 그에게 학교를 나가 주었으면 좋겠다는 말을 했기 때문이다. 그리고 이유를 묻는 아인슈타인에게 "우리 반에 네가 있는 것 때문에 선생님에 대한 학생들의 존경심이 사라진다"라고 대답했다.

반 친구들과 함께 있는 아인슈타인의 사진을 보면, 그 선생님이 무슨 생각을 했는지를 쉽게 알 수 있을 것이다. 사진 속에서 짓궂게 웃고 있는 아인슈타인의 모습은 선생님을 충분히 화나게 할 만한 소년으로 보인다. 하지만 아인슈타인에게는 김나지움에서 쫓겨난 것이 오히려 다행스런 일이었다. 만일 그가 1년만 더 뮌헨에서 머물렀다면, 나이가 차서 징집당했을 것이다.

스스로 포기한 독일 국적

아인슈타인의 부모는 아들이 미리 알리지도 않고 이탈리아로 건너오자 놀랐을 것이다. 게다가 아인슈타인이 독일 시민권을 포기하겠다는 말까지 했을 때는 말할 것도 없었을 것이다.

이후 아인슈타인은 부모님을 끈질기게 설득하여 독일의 뷔르템베르크 왕국 당국에(그 시대 사람들은 전체 국가가 아닌 국가를 이루는 한 왕국의 시민이었다) 시민권을 취소시켜 달라는 편지를 쓰게 했다.

1896년 초에 아인슈타인은 드디어 3마르크를 내고 시민권이 취소되었음을 증명하는 서류를 받게 된다. 그는 1901년에 스위스 시민이 되기 전까지 공식적인 국적이 없는 무국적 상태로 있었다. 아인슈타인이 왜 그토록 단호하게 독일 시민이 되기를 거부했는가는 아직도 분명치 않다.

아인슈타인은 독일을 떠나 6개월 동안 홀로 이탈리아를 돌아다니면서 유익한 시간을 보냈다. 당시 열여섯 살이던 아인슈타인은 이미 '물리학 바이러스'에 감염된 상태였기 때문에 세상을 두루 돌아다니면서 자연이 어떻게 움직이는 지를 보고 싶었을 것이다.

그러나 그때까지도 아인슈타인은 전문적인 물리학자라는 직업이 어떤 것인지 잘 몰랐다. 다만 과학 선생님이 되고 싶었다. 하지만 그의 아버지는 아인슈타인이 생계를 안정적으로 꾸려 나갈 수 있는 전기 기술자가 되기를 바랐다.

스위스 연방 공과대학교에 입학하기 위하여

독일을 제외하고 유럽에서 과학과 공학을 함께 배울 수 있는 가장 좋은 곳은 취리히에 있는 스위스 연방 공과대학교였다. 이곳은 흔히 독일식 이름의 약칭인 에테하ETH라고 불린다.

ETH의 교수진 중에는 세계적으로 유명한 과학자들과 수학자들이 여러 명 있었고, 또 입학하려는 사람들에게 반드시 고등학교 졸업장을 요구하지도 않았다. 대신 입학하려면 어려운 시험을 통과해야만 했다.

고등학교 졸업장이 없는 아인슈타인이 입학 시험을 치른 것은, 보통 학생들보다 한 살 반이나 어린 만 열여섯 살 육 개월 때였다. 게다가 그는 특별히 시험 준비도 하지 않았기 때문에 당연한 결과로 언어와 관련된 일부 시험 과목에서 떨어졌다.

다행히도 ETH의 학장인 알빈 헤어초크는 아인슈타인이 수학 과목에서 천부적 자질을 타고났음을 알아보았다. 그는 아인슈타인에게 ETH에 입학하기 위한 조건 하나를 제안했다.

학장이 제안한 계획은 아인슈타인이 취리히에서 몇 마일 떨어진 아라우의 한 고등학교에서 일 년 동안 언어와 과학을 공부하는 것이었다. 이 학교는 과학을 잘 가르치기로 유명한 진보적인 학교였다.

학장의 계획은 아주 훌륭한 것이어서 아인슈타인은 아라우에서 행복하고 의미 있는 시간을 보낼 수 있었다.

아라우에서 보낸 고등학교 시절

아인슈타인은 아라우에서 고등학교를 다니면서 과학 분야에서 일하겠다는 생각을 더욱 확실하게 굳혔다.

아인슈타인이 프랑스어 수업 시간에 쓴 것으로 보이는 장래 계획에 관한 짧은 글을 읽어 보자.

미래에 대한 나의 계획

행복한 사람은 현실에 충분히 만족하기 때문에 미래에 관해 많이 생각하려 하지 않는다. 반면에 젊은이들은 미래에 대하여 대담한 계획을 세우고, 그 계획에 몰두하기를 좋아한다. 만약 진지하게 생각하기를 좋아하는 젊은이라면 자신이 꿈꾸는 목표를 달성하기 위하여 가능하면 구체적으로 계획을 세우고 싶어 한다.

만일 내가 운이 좋아 입학 시험에 합격한다면, 취리히에 있는 ETH에 들어갈 것이다. 나는 그곳에서 4년 동안 수학과 물리학을 공부하고, 과학 선생님이 되어 학생들을 가르칠 것이다.

내가 이런 계획을 세운 이유는, 무엇보다도 추상적이고 수학적인 사유를 즐기는 내 성향과 상상력이나 실천 능력이 부족한 점을 고려한 것이다.

우리는 언제나 할 수 있는 것들을 하고 싶어 한다. 그래서 내가 가장 좋아하는 과학과 관련된 직업을 가질 것을 꿈꾸어 본다.

아인슈타인은 고등학교의 활기찬 수업 분위기 속에서 많은 실험을 하면서 과학에 대한 꿈을 키울 수 있었다. 그리고 그 학교의 선생님인 요스트 빈텔러의 집에서 하숙했는데, 그것 또한 유쾌하고 즐겁기 그지없는 생활이었다. 아마도 아인슈타인이 빈텔러 선생님을 존경하고 좋아했기 때문일 것이다.

이때의 인연일까? 아인슈타인의 동생 마야는 1910년에 빈텔러 선생님의 아들인 파울 빈텔러와 결혼하여 아인슈타인 집안과 빈텔러 집안은 사돈의 인연을 맺게 된다.

ETH에서 얻은 것과 잃은 것들

1896년 가을에 아인슈타인은 고등학교를 졸업한 뒤, 드디어 ETH에 입학했다. 그곳에서 수학과 물리학 교사가 될 수 있는 4년 과정의 공부를 시작했다.

아인슈타인이 ETH에서 머문 4년은 큰 실패도 성공도 아닌 시간이었다. 아인슈타인은 자서전에 ETH에서 보낸 시간들을 이렇게 회상하고 있다.

"나는 훌륭한 선생님들을 만났고, 그래서 알찬 수학 교육을 받을 수 있었다. 그러나 직접 경험해 보는 것이 더 즐거워서 대부분의 시간을 물리 실험실에서 보냈다. 또 시간을 효율적으로 사용하기 위해서 공부는 주로 집에서 했다."

하지만 다른 한편으로 강제적인 시험을 치러야 했기 때문에 약간은 불행하다고 느끼는 아인슈타인의 심정이 잘 나타난 구절도 있다.

"가장 어려웠던 것은 좋든 싫든 시험을 보기 위해서 자질구레한 지식들을 주입식으로 공부해야만 한다는 것이었다. 그런 주입식 교육은 오히려 방해가 되었다. 최종 시험을 보고 난 후에는 그해가 끝날 때까지 과학적 문제들을 생각하는 것조차 전혀 달갑지 않을 정도였다."

그렇지만 아인슈타인은 독일의 김나지움에 비해 훨씬 더 자유로운 ETH가 마음에 들었다. ETH에는 겨우 두 번밖에 시험이 없었고, 이 시험들을 치를 때를 제외하면 그럭저럭 원하는 것들을 할 수 있었다. 아인슈타인은 시험을 보기 몇 달 전까지 자유롭게 연구했고, 최대한 그 자유를 즐겼다.

아인슈타인은 의무적이고 강압적인 학습의 효과에 대하여 이렇게 비판했다.

"현대 교육의 강압적 방법이 탐구에 관한 신성한 호기심을 좌절시키지 않았다는 것은 기적이나 다름없다. 왜냐하면 과학자가 될 예민하고 작은 묘목들에게 가장 필요한 것은 자유이기 때문이다. 자유가 없다면 그들은 시들어 말라 죽을 것이다. 강압적이고 의무적인 교육으로 관찰하고 탐구하는 즐거움이 촉진될 수 있다고 생각하는 것은 매우 중대한 실수이다."

물론 이런 생각이 어느 정도 옳기는 하다. 그러나 아인슈타인처럼 뛰어난 사람들에게만 해당되는 말일 수도 있다.

사실 물리학은 매우 어려운 과목이라서 처음 배우는 사람들이 아인슈타인처럼 스스로 터득할 수 있는 경우는 거의 드물다. 대부분의 사람들은 물리학을 제대로 배우기 위해 선생님의 지도와 학습법이 필요하다. 그렇지 않으면 공부하는 과정에서 쉽사리 길을 잃고 헤맬 수 있다.

밀레바 마리치와의 만남

아인슈타인은 ETH에서 밀레바 마리치라는 여자 친구를 만난다. 그녀는 장차 그의 부인이 된다.

밀레바는 아인슈타인이 태어나기 약 4년 전인 1875년에 헝가리에서 태어났다. 그녀는 가톨릭 신자였는데, 아인슈타인도 그녀의 집안도 종교적 차이를 별로 마음에 두지 않았다. 하지만 아인슈타인의 부모님에게는 그것이 대단히 중요한 문제였고, 그것이 그들이 그녀를 싫어한 이유 중 하나였다.

밀레바가 ETH에 입학한 가장 큰 이유는, 유럽에서 여성이 모든 종류의 과학을 공부할 수 있었던 드문 곳이었기 때문일 것이다. 오늘날에도 여성이 물리학을 공부하는 것은 드문 일인데, 그 시절로서는 대단히 용감한 행위였음에 틀림없다.

아인슈타인과 밀레바는 서로 사랑했으며 오랜 연애 기간을 거친 후 결혼하게 된다. 하지만 두 사람의 결혼 생활은 이혼으로 파국을 맞이한다.

아인슈타인이 죽기 한 달 전에 쓴 편지를 보면 그가 자신의 행복하지 못한 결혼 생활에 대하여 죄의식을 느끼고 있었음을 알 수 있다. 다음은 그의 절친한 친구 미셸 베소의 자녀들에게 보낸 편지다.

사랑하는 베로와 비체에게,
고통스러웠을 텐데, 아버지의 죽음에 대해 그토록 자세한 소식을 전해 줘서 고맙구나.
너희 아버지는 예리한 지성의 소유자이면서도 조화로운 삶을 이끌어 나갔던 훌륭한 사람이다. 특히 그가 평생 동안 한 여성과 부부로서 평화롭게 살았다는 사실에 존경을 표하고 싶구나.

난 유감스럽게도 두 번이나 실패했는데 말이다.

결혼 결심과 어머니의 반대

아인슈타인이 ETH에 입학하고 나서 1년 후인 1897년부터 밀레바와 주고받았던 편지를 보면 두 사람의 사랑이 어떤 고난에 부딪혀 있는지를 알 수 있다.

1897년 가을 무렵까지 아인슈타인과 밀레바는 좋은 친구였던 것으로 보인다. 그해 10월, 밀레바가 고향 헝가리에서 보낸 편지를 보면 그녀의 가족들이 아인슈타인을 만나고 싶어 한다는 이야기가 씌어 있다. 그리고 1898년 2월에 아인슈타인이 밀레바에게 쓴 편지를 보면 그녀가 빨리 취리히로 돌아와 함께 공부할 수 있기를 바랐던 마음이 잘 나타나 있다.

1898년 8월부터 두 사람은 단순한 친구가 아닌 연인 관계로 발전한 것 같다. 이때부터 아인슈타인은 밀레바에게 격식을 차린 존댓말을 쓰지 않고, 그녀를 '작은 인형Doxerl'을 뜻하는 단어의 약칭인 '디D'라고 부르기 시작했다. 또 1898년 10월에 밀레바에게 보낸 편지에는 그녀와 결혼하기로 결심한 내용이 보인다.

하지만 두 사람의 사랑은 아인슈타인 어머니의 심한 반대에 부딪혔다. 1900년 7월에 아인슈타인이 밀레바에게 보낸 편지를 보자.

어머니와 나는 집으로 돌아와 어머니의 방으로 들어갔어. 방에는 우리 두 사람밖에 없었어.

먼저 ETH의 졸업 시험을 좋은 성적으로 통과했다는 소식을 어머니께 전해 드렸지. 그러자 어머니는 "밀레바는 어떻게 됐니?" 하고 물으셨어. 나는 "내 아내 말이죠?"라고 말했지.

내 말이 끝나자마자 어머니는 침대 위에 몸을 던지고는 베개에 머리를 파묻으면서 어린아이처럼 우셨어. 어머니는 간신히 울음을 그치고 나자 곧바로 태도를 바꾸어 나에게 마구 화를 내기 시작했지.

"너는 네 미래를 망치고 있구나. 가톨릭을 믿는 여자가 우리 집안의 며느리가 될 수는 없어. 그녀가 아이라도 가졌다면 용서하지 않겠다."

난 우리가 함께 산다는 혐의를 벗기 위해 마구 화를 내며 그 방을 나오려고 했지. 그런데 마침 어머니의 친구인 바 부인이 찾아왔어.

어머니와 나는 아무 일이 없었던 것처럼 바 부인과 날씨와 새로운 온천 손님들 그리고 버릇없는 아이들에 대해 이야기를 나누다가 함께 저녁을 먹었지. 그리고 음악을 몇 곡 연주하고, 서로에게 잘 자라는 인사를 하고 헤어졌어.

다음 날 어머니는 "밀레바는 너처럼 책이나 좋아해. 지금 네게 필요한 건 살림을 잘하는 아내야. 그리고 네가 서른 살이 되면 밀레바는 늙은 아줌마가 될 거야" 하면서 걱정을 하셨지. 하지만 어머니는 그런 말을 하면 할수록 나를 화나게 만든다는 걸 아는지, 이제는 잔소리하는 걸 포기하신 것 같아.

밀레바 마리치
그녀는 같은 시대 서구 부르주아 계층의 여성들보다 더 진보적으로 살았다. 독일 하이델베르크로 유학 온 그녀는 아인슈타인과 같은 해에 ETH에 입학했다.

사라진 아이 리세를

1901년 12월 12일에 밀레바에게 쓴 아인슈타인의 편지를 보면 그의 어머니가 걱정했던 일이 현실로 이루어졌음을 알 수 있다. 아인슈타인은 그 편지에서 작게 속삭이듯이 "몸조심하고 기운 내도록 해요. 그리고 우리의 사랑스런 아이 리세를을 기뻐해 줘요."라고 쓰고 있다.

아인슈타인이 취직을 못해 두 사람이 결혼을 하지 않은 상태에서 밀레바가 아기를 가진 것이다. 밀레바는 아기를 가지자 부모와 함께 있기 위해 헝가리로 돌아갔다. 아인슈타인은 가족이나 친구 누구에게도 그 사실을 알리지 않았다.

1899년 2월 4일에 아인슈타인이 밀레바에게 쓴 다음 편지를 보면 리세를은 그해 1월 말이나 2월 초에 태어난 것으로 보인다.

사랑하는 아내에게.
가여운 내 소중한 이네여, 당신이 혼자 힘으로 편지조차 쓸 수 없을 정도라면, 무척이나 고생한 게 분명하구려. 내 편지가 도착했을 때쯤에는 당신이 자리를 털고 일어나기를 진심으로 바라오.
장인 어른의 편지를 받고 나는 너무 겁이 났소. 무슨 문제라도 생긴 것은 아닌가 생각했기 때문이오. 그러나 당신이 원하던 딸을 무사히 낳았다니 이제 안심이오.
우리 리세를은 건강하오? 그리고 제대로 울기는 시작했소? 아이의 작은 눈은 어떻게 생겼는지, 우리 둘 중 누구를 더 닮았는지 궁금하구려. 누가 리세를에게 우유를 먹이오? 배고파하지는 않소? 내가 리세를을 이토록 사랑하는데 아직까지 보지 못했다니! 당신이 건강을 완전히 회복하면 바로 리세를의 사진을 찍어 보내 줄 수 있겠소? 지금 나는 내가 엄마가 되어 리세를을 한번 낳아 보고 싶은 심정이오.

이 편지에서 아인슈타인이 보여 준 딸에 대한 사랑은 진심이었을 것이다. 하지만 그는 리세를을 만나기 위해 직접 스위스에서 헝가리로 가지는 않았다.

그 후 리세를은 어떻게 되었을까? 먼 곳에 양녀로 보내졌다는 추측도 있고, 병이 들어 죽었다는 추측도 있다. 어쩌면 아인슈타인은 자취도 없이 사라진 리세를의 사진조차 보지 못했을 수도 있다.

아인슈타인의 자서전에는 개인적인 삶에 관한 이야기는 조금도 없고, 오로지 과학에 관한 이야기만 있다. 따라서 그가 가족 모르게 낳은 딸인 리세를이 왜 사라졌는지는 지금까지 누구도 알 수 없다.

아인슈타인의 피타고라스 정리 증명

아인슈타인이 피타고라스 정리를 증명하게 된 과정을 한번 생각해 보자. 우선 다음과 같이 크기가 다른 두 직각삼각형들을 그려 본다.

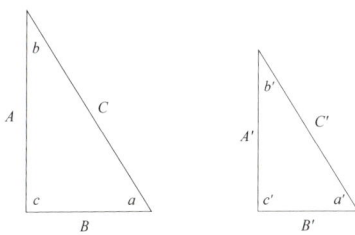

삼각형들의 세 변을 각각 A, B, C 그리고 A′, B′, C′라고 표시하였다. 변 C와 C′는 두 삼각형들의 빗변이다. 두 삼각형의 세 개의 변과 마주한 각들을 a, b, c와 a′, b′, c′라고 한다.

두 삼각형은 직각삼각형이므로 c와 c′는 모두 90°이다. 그리고 모든 삼각형의 내각의 합은 180도이므로 각 a와 각 a′가 같다면, 분명 각 b와 b′도 크기가 같게 된다.

여기에서 a+b=90°이고, a′+b′=90°이므로, a+b=a′+b′라고 할 수 있다. 따라서 만일 직각삼각형의 한 예각의 크기가 또 다른 직각삼각형의 한 예각의 크기와 같다면, 모든 각들의 크기는 같으며 두 삼각형들은 소위

닮음이다.

닮은 삼각형에서 모든 각의 크기가 서로 같다면 대응하는 변들의 비도 서로 같다. 이것을 식으로 표현하면 다음과 같다.

$$\frac{A}{A'} = \frac{B}{B'} = \frac{C}{C'}$$

앞에서 그렸던 직각삼각형을 다시 한번 그려 보자.

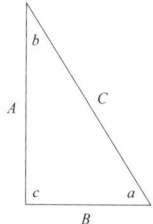

그다음엔 다음 그림과 같이 각 c에서 변 C에 수직으로 닿는 직선을 그려 보자.

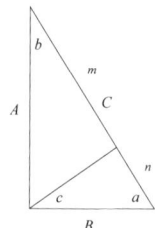

이제 세 개의 서로 닮은 삼각형들을 얻었다. 그림에서 작은 삼각형들의 밑변을 형성하는 두 선을 m과 n으로 표시하면 m+n=C라는 사실을 알 수 있다.

닮은 삼각형들의 다양한 변들의 비례를 이용하면 다음의 방정식을 얻을 수 있다.

$$\frac{A}{C} = \frac{m}{A} \quad \text{그리고} \quad \frac{B}{C} = \frac{n}{B}$$

위의 식을 제곱을 사용하여 다시 표기하면 다음과 같다.

$$A^2 = m \times C \quad \text{그리고} \quad B^2 = n \times C$$

여기서 두 개의 방정식들을 더하면 다음과 같다.

$$A^2 + B^2 = (m+n)C$$

그런데 마지막 그림에서 m+n=C임을 알 수 있으므로 $A^2+B^2=(m+n)C=C^2$이 된다.

아인슈타인은 많은 노력 끝에 위와 같은 과정을 거쳐 피타고라스 정리를 증명하는 데 성공했을 것이다

2

기적의 해, 1905년

뉴턴 1642~1727
영국의 물리학자·수학자·천문학자. 근대 자연과학의 아버지로 만유인력의 법칙을 발견하고, 미적분학을 발전시켰다. 광학 연구로 반사망원경을 만들고, 빛의 입자설을 주장하였다.

1665년은 물리학에서 첫 번째 기적이 일어났던 해이다. 그해에 아이작 뉴턴은 런던과 케임브리지를 휩쓸었던 페스트를 피해 링컨셔의 어머니 집에 가 있었다. 뉴턴은 스물네 살의 케임브리지 대학생이었다.

그는 그 시절을 "나의 창조력은 최고였고, 수학과 철학(자연과학)에 대해 어느 때보다 많이 생각했다"라고 회고했다.

우주의 과거와 미래를 완벽하게 설명해 낸 뉴턴

뉴턴이 스물네 살 때 발견한 물리학과 수학에 대한 이론은 그 후 거의 250년 동안이나 그 분야를 지배하였다. 하지만 뉴턴이 발견한 것들 가운데 많은 부분이 사람들에게 알려지지 않았다. 그것은 뉴턴이 자신의 연구 결과를 도난당하거나 연구 공적이 다른 사람에게 갈까 봐 모든 일을 비밀스럽게 처리했기 때문이다.

1686년에 뉴턴의 대작 《프린키피아(자연철학의 수학적 원리)》가 출간되었다. 이 책은 라틴어로 씌어진 데다, 복잡한 기하학적 논증을 사용했기 때문에 매우 어려웠다. 그렇지만 몇 개의 단순한 원리에서 출발한 뉴턴의 법칙은, 우주의 과거와 미래를 설명하는 데 조금도 부족함이 없었다. 많은 사람들이 뉴턴이 창조한 물리학적 세계를 이해하기 위해 이

아이작 뉴턴
1665년 24살의 나이에 1905년 26살의 아인슈타인이 등장하기 전까지 물리학계를 지배한 원리를 만들어 냈다.

아인슈타인 이전에 200년 넘게 물리학을 지배했던 뉴턴의 과학 이론이 실린
《프린키피아(자연철학의 수학적 원리)》

책을 읽었다.

뉴턴이 물리학에서 첫 번째 기적을 만든 이후 250년 동안 그 누구도 뉴턴의 법칙이 잘못될 수도 있다는 생각을 하지 않았다. 적어도 아인슈타인이 나타날 때까지는 말이다.

뉴턴과 아인슈타인이 닮은 점

뉴턴과 아인슈타인은 몇 가지 공통점이 있다. 그들은 둘 다 비슷한 나이에 중요한 발견을 하였다. 물리학에서 첫 번째 기적을 만들었을 때의 뉴턴은 스물네 살이었다. 1905년에 아인슈타인이 두 번째 기적을 만들었을 때, 그는 스물여섯 살이었다.

또 그 두 사람은 몇 년 동안 포기하지 않고 한 가지 문제에만 집중할 수 있는 능력을 갖고 있었다. 뉴턴은 달의 운동에 관해 만족할 만한 계산을 해낼 때까지 몇 년 동안이나 매달렸다. 아인슈타인도 뉴턴의 이론을 대신할 새로운 이론을 만드는 데 1905년부터 1915년까지 10년을 바쳤다.

두 사람은 모두 이름 없는 젊은 과학자 시절에 시작한 연구에 열정을 바쳐 한 시대의 과학을 지배하였다. 하지만 두 사람은 이보다 더 다를 수 없을 만큼 서로 너무나 달랐다. 예를 들어, 종교에 대한 태도가 그랬다.

오묘하지만 악의가 없는 아인슈타인의 신

아인슈타인은 가톨릭계 초등학교를 다닐 때만 해도 무척 종교적이어서 신약 성서의 내용을 모두 진실이라고 믿었다. 하지만 자라면서 과학을 접하게 되자 종교에 대한 시각이 변했다. 그는 이런 변화에 대하여 다음과 같이 말했다.

"나는 대중 과학 서적을 읽으면서 성서에 나오는 많은 것들이 진실이 아니라고 믿게 되었다. 그 결과 자유 사상에 빠져들었고, 국가가 학교의 종교 교육을 통해 젊은이들에게 거짓말을 한다고 생각하게 되었다. 그때부터 나는 모든 권위를 의심하기 시작했고, 특별한 사회적 환경 속에서 만들어진 확신들에 대해서도 회의적인 태도를 가지게 되었다. 나이가 들면서 원래의 신랄함이 조금 누그러들기는 했지만, 기본적으로 그런 회의적인 태도를 한 번도 잃은 적이 없었다."

아인슈타인은 과학을 접하면서 종교적 권위를 포함한 모든 종류의 권위에 대해 의문을 가지게 되었다. 그렇다고 아인슈타인이 신의 존재를 완전히 부정한 것은 아니었다.

아인슈타인은 '종교적'이라기보다는 '영적인' 사람이었다. 그는 유명해지고 난 뒤에 신을 믿느냐는 질문을 받자 개인적인 기도를 듣고 답을 하는 '인격적인' 신과 우주라는 질서를 대표하는 신은 구별해야 한다고 대답하였다. 이 구별에 따른다면, 아인슈타인은 인격적인 신의 존재를 믿지 않을 뿐이었다. 대신 우주의 진화와 소멸을 지배하는 더 큰 영혼의 존재를 믿었다.

아인슈타인은 이 영혼을 '오래된 존재'라고 불렀다. 그는 자주 물리학의 진정한 임무가 바로 이 '오래된 존재'의 비밀을 밝히는 것이라고 말했다. 아인슈타인은 이 비밀이 결국엔 아주 단순한 것이고, 우주를 지배하는 법칙들은 아름다울 것이라 믿었다. 그는 '오래된 존재'가 흉측한 법칙을 만들 만큼 심술궂지는 않을 것이라고 생각했다. 그래서인지 그는 "신은 오묘하지만 악의를 가지고 있지는 않다"라고 말한 적도 있다.

성서의 모든 것이 진실이라 믿은 뉴턴

뉴턴의 종교적인 관점은 그가 살던 시대와 선천적인 기질의 영향을 많이 받았다. 뉴턴은 갈릴레이가 죽던 해인 1642년 크리스마스에 태어났다.

갈릴레이는 폴란드의 천문학자 코페르니쿠스의 이론을 바탕으로 지구가 태양 주위를 돈다고 주장했다. 로마 가톨릭 교회는 그의 주장이 성서를 부정하는 것이라 판단하고, 그에게 이단이라는 심판을 내렸다. 이단으로 몰린 갈릴레이는 1633년부터 인생의 마지막 10년 동안을 자기 집에 갇혀 지냈다.

갈릴레오 갈릴레이 1564~1642
이탈리아 르네상스 말기의 과학자로 '물체의 낙하 법칙' '관성의 법칙' 등 역학상의 여러 법칙을 발견했다. 자신이 만든 망원경으로 우주를 관찰하기도 하고, 지구가 태양 주위를 돈다고 주장하여 종교 재판을 받았다.

뉴턴이 살던 시대에는 그래도 과학 이론을 좀 더 자유롭게 주장할 수 있었다. 하지만 과학은 여전히 종교로부터 자유롭지 못했다.

뉴턴도 그런 시대의 영향을 받아 과학과 종교는 별개가 아니며, 성서는 진실 그 자체라고 믿었다. 또 성서의 내용은 과학적 증거로 사용될 수 있다고 생각했다.

뉴턴은 우주가 창조된 시기와 사라지는 시기를 밝히기 위해 성서 연구에 많은 시간을 투자하였다. 그는 평생에 걸친 연구 끝에 2060년이 되기 전에 지구가 종말을 맞을 것이라는 결론에 도달했다. 아마도 이 책의 독자들 중 많은 사람들이 살아서 뉴턴의 주장이 맞는지 틀린지를 확인하게 될 것이다.

뉴턴이 생각한 신은 우주의 모든 활동에 관여하며, 공간과 시간의 움직임을 측정하는 궁극적인 기준이었다. 그 신은 엄격했고, 뉴턴 역시 엄격한 사람이었다.

뉴턴이 과학적 연구에 몰두했던 5년 동안 그의 조수는 그가 웃는 것을 거의 보지 못했다. 뉴턴이 단 한번 웃었던 때는 누군가 그에게 기하학적 연구의 실용성에 대해 말해 보라고 했을 때였다고 한다.

뉴턴은 일생 동안 한번도 결혼하지 않았고, 실제로 총각인 채로 죽었다. 아인슈타인과 뉴턴이 만약 서로 만나서 이야기를 나눈다면, 과학을 제외하고는 서로 화젯거리를 찾지 못할 것이다.

건방진 학생 아인슈타인

1900년에 아인슈타인은 ETH를 괜찮은 성적으로 졸업했다. 그는 ETH의 조교로 남고 싶었다. 그렇게 된다면 자연스럽게 교수가 될 수도 있을 것이었다. 그러나 어떤 교수도 그에게 조교 자리를 마련해 주지 않았다.

졸업하고 2년이 지나서야 아인슈타인은 겨우 취직했다. 그는 베른에 있는 스위스 국립 특허국 사무소의 기술 전문가로 채용되어 연봉 3,500스위스프랑을 받았다(식사가 제공되는 훌륭한 방을 얻으려면 한 달에 70프랑이 필요할 때였으므로 그다지 나쁜 조건은 아니었다).

아인슈타인은 취직되기 전까지 매월 부모님에게서 받는 용돈과 임시 교사일을 하며 번 돈으로 생활했다. 또 그중의 얼마는 1901년에 스위스 시민권을 얻는 데 써 버렸다.

아인슈타인이 직업을 구하기 어려웠던 이유는 밀레바가 친구에게 쓴 편지를 보면 잘 알 수 있다.

이제 알베르트의 부모님이 그에게 예전처럼 심하게 화를 내지 않아서 마음이 편해졌어. 그렇지만 알베르트가 아직도 좋은 직장을 구하지 못해서 불행해. 그는 지금 샤프하우젠에서 임시 교사로 일해. 알베르트가 이런 불안한 상태에서 우울해하는 것은 당연한 일일 거야. 그렇지만 금방 안정된 직장을 구할 것 같지는 않아. 그는 말주변도 없고 게다가 유대인이니까……

아인슈타인이 유대인이라는 사실은 분명히 불리한 조건이었다. 하지만 그를 더욱 불리하게 만들었던 것은 ETH의 교수들에게 남긴 인상이었다. 교수들은 그를 수업에 잘 빠지고 태도도 건방진 학생이라고 생각했다. 그들은 아인슈타인이 수업을 통해 배우지 못하는 것들을 혼자서 열심히 공부한다는 사실을 전혀 몰랐다.

아인슈타인의 스승 중에는 4차원 시공간과 관련된 공식을 만든 수학자 헤르만 민코프스키도 있었다. 그런데 그까지도 아인슈타인이 상대성이론을 발표했다는 소식을 듣고 믿을 수 없다는 반응을 보였다. 그도 다른 교수들과 마찬가지로 아인슈타인을 아무것도 진지하게 할 수 없는 '게으름뱅이'로 여겼던 것이다.

헤르만 민코프스키 1864~1909
러시아 태생의 독일 수학자. 수학 이론에 기하학의 개념을 도입하여 아인슈타인의 특수상대성이론을 4차원 시공간의 기하학으로 구성하였다.

아인슈타인의 결혼과 올림피아 아카데미

1903년 1월에 아인슈타인은 드디어 밀레바와 정식 결혼식을 올렸다. 그리고 그해 초에 베른에서 올림피아 아카데미를 만들었다.

올림피아 아카데미의 회원은 처음부터 끝까지 단 세 명이었는데 모리스 솔로비네, 콘라트 하비히트 그리고 아인슈타인이었다. 하비히트는 수학 선생님이 되기 위해 공부하던

1905년 베른 특허국 사무소의 책상에 앉아 있는 아인슈타인

중이었고, 솔로비네는 광고업자였다.

솔로비네는 아인슈타인이 신문에 낸 개인교습 광고를 보고 물리학을 배우러 온 사람이었다. 아인슈타인은 첫 번째 강의 시간에 솔로비네가 자신과 마찬가지로 과학철학에 관심을 가지고 있음을 알게 되었다. 그들은 정기적으로 만나 철학과 과학에 관해 토론했고, 여기에 하비히트도 참가했다. 장난 삼아 그들은 자신들의 모임을 '아카데미'라고 불렀다.

루마니아 태생의 솔로비네는 취향이 좀 고급스러워서 진귀한 음식을 좋아했다. 그는 캐비어를 한번 맛보고 나서, 아인슈타인의 생일날 그에게도 먹여 보기로 했다.

생일날 밤 아인슈타인은 그와 하비히트에게 갈릴레이의 연구에 관해 강의하기로 되어 있었다. 그런데 아인슈타인은 강의 주제에 도취되어 캐비어에는 조금도 관심이 없었다. 그것이 무엇인지도 모른 채 그냥 다 먹어 치웠다.

꼭 캐비어 사건이 아니더라도 솔로비네와 하비히트는 처음부터 아인슈타인이 특별한 사람이라고 생각했다. 그래서 그들은 아인슈타인이 1905년에 기적과도 같은 이론들을 창조해 낸 것을 보고 그다지 놀라지 않았다.

세 사람은 아카데미에서 데이비드 흄이나 에른스트 마흐 같은 사람들의 철학이나 물리학을 함께 공부했다. 그러나 그런 것들이 아인슈타인에게 꼭 필요했던 것은 아니었다. 다만 그들의 회의적인 태도가 아인슈타인의 흥미를 끌었다.

에른스트 마흐 1838~1916
오스트리아의 물리학자 겸 철학자. 초음속을 연구하여 마하수의 개념을 도입하였고, 실증주의의 관점에서 물리학적 인식의 본질을 추구했다.

특히, 마흐는 뉴턴이 체계화한 물리학에 대해 불만이 많은 사람이었다. 마흐는 뉴턴 물리학이 틀렸다고 주장하지는 않았지만 뉴턴의 설명 방식이 마음에 들지 않았다. 그는 《역학의 과학》이란 책에서 뉴턴이 신학과 과학을 혼합시켜 설명한다고 비판했다. 마흐의 이런 비판은 올림피아 아카데미에서 자주 토론거리로 등장했다.

아인슈타인의 사고 실험

과학자들의 일기를 읽다 보면 연구가 진행되는 과정이나 세상 사람들에게 미처 알리지 못한 결과까지도 상세하게 알게 되는 경우가 많다. 하지만 아인슈타인은 일기를 쓰지 않았기 때문에, 그가 상대성이론에 이르게 된 과정을 알려면 단편적 기록들을 봐야 한다. 이 기록들 중에 상대성이론이 나온 지 한참 뒤에 쓴 개인적인 회상록이 있다. 회상록의 내용 중에는 그가 이론을 발표할 당시에 쓴 편지와 맞지 않는 부분이 많다.

게다가 그가 상대성이론을 만드는 과정에는 위대한 예술이나 과학의 창조에 수반되는 '창조적 비약'의 단계가 있다. 바로 그런 과정은 아인슈타인을 만나서 직접 대화를 나눈다 해도 이해하기 어려운 부분일 것이다.

아인슈타인의 전기를 쓴 필리프 프랑크는 아인슈타인이 열여섯 살 때부터 상대성이론의 실마리가 되는 의문을 품기 시작했다고 한다. 이 의문은 아인슈타인 특유의 '사고 실험'

을 통해 항상 그의 곁에서 맴돌았다.

사고 실험은 실험실에서는 할 수 없는 것을 상상 속에서만 하는 물리학 실험이다. 실험 기술이 발전함에 따라 우리 세대에서는 사고 실험에 머물렀던 것이 다음 세대로 가서 실제 실험으로 행해지는 경우도 있다. 아인슈타인의 사고 실험에도 그런 예가 있다.

아인슈타인의 사고 실험, 하나

뉴턴 물리학에서는 물체가 속도를 내는 데 필요한 힘이 공급되기만 한다면, 발사체 혹은 다른 물체가 어떤 속도로도 운동할 수 있다고 본다.

아인슈타인은 어떤 물체가 빛의 속도에 이를 때까지 계속해서 가속한다고 상상해 보았다.

예를 들면 A가 충돌이나 진동이 없는 이상적인 기찻길을 따라 이동하는 기차를 탔다고 상상해 보자. A는 세면대가 딸린 개인 객실을 가질 만큼 부자다. A의 머리 뒤에는 전등이 있고, 거울은 A의 앞에 몇 미터 떨어져 있다. A가 머리를 빗으려고 전등을 켜면 불빛은 거울에 가 닿은 뒤 A의 눈으로 반사될 것이다. 그러고 나서야 A는 자신의 얼굴을 본다.

빛의 속도는 매우 빠르기 때문에 이런 일이 일어나는 데는 1초도 안 걸릴 것이다. 흔히 문자 c로 표시되는 빛의 속도는 초속 299,792,458미터이다.

 만약 A가 머리를 빗으려고 불을 켜기 직전에 기차가 급가속하여, 빛의 속도로 이동한다고 가정해 보자. A가 막 전등을 켰을 때 과연 A는 자기 얼굴을 볼 수 있을까? 이것이 아인슈타인이 의문을 가지고 사고 실험을 했던 것 중 하나다.
 당시의 물리학자들은 빛과 소리의 전파가 비슷하다고 생각했다. 즉 둘 다 이동하려면 매질의 존재가 반드시 필요하다고 보았다. 그런데 빛은 우주 저 멀리 있는 별들로부터 매질이 없는 진공 상태와 비슷한 우주 공간을 지나 지구까지 전파되었다.
 아인슈타인 시대의 물리학자들은 빛이 진공 상태에서 이동한다는 사실을 받아들일 수 없었다. 그래서 그들은 전 우주를 채우고 있는 매질이 있으며, 그것이 '에테르'라고 주장했다.
 소리의 경우에는 매질의 밀도가 높을수록 이동 속도가 더 느리다. 고전적인 뉴턴 물리학에서는 일단 소리의 파동이 생겨나면, 우리가 그것과 같은 속도로 달리거나 그것을 추월하지 못할 이유가 없다. 아인슈타인 전의 마흐 시대의 물

파동
공간의 한 지점에서 생긴 물리적인 상태의 변화가 차차 어떤 속도를 가지고 주위에 퍼지는 현상이다. 전기장이나 자기장이 공간에 퍼지는 것도 파동의 일종이고, 호수에 생기는 물결 무늬도 파동이다.

리학자들은 이것이 빛의 경우에도 마찬가지라고 주장했다.

이제 기차의 경우로 돌아와서 생각해 보자. 기차가 에테르를 통해 정확하게 빛의 속도로 달린다면 A의 얼굴 뒤에 있던 전등 빛은 거울에 가닿지 못할 것이다. 그렇다면 A도 거울에서 반사된 자신의 얼굴을 보지 못할 것이다. 이것은 아인슈타인을 당황하게 했고, 또 다른 사고 실험을 하게 했다.

아인슈타인의 사고 실험, 둘

아인슈타인은 두 번째 사고 실험에서 빛의 파동성을 고려하게 된다. 다음의 그림은 매우 단순한 파동이다. 파동은 그 패턴이 주기적으로 반복된다.

우리가 파동의 궤도에서 최고점 중의 하나를 선택하여 그 다음 최고점까지의 거리를 측정할 때, 이 거리를 '파장'이라고 한다. 이것은 그리스 문자 λ(람다)로 표기한다.

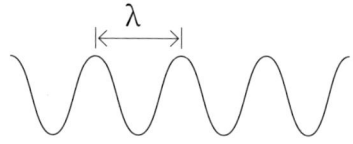

만일 한 파장의 최고점에서 다음 최고점으로 이동하는 데 시간 T가 걸린다면, 파동의 전파 속도는 λ/T이다. 속도는 거리를 시간으로 나눈 값과 같기 때문이다. 여기에서 이 사실을 알 수 있다.

$$파동의 속도 = \frac{파동이 이동한 거리}{이동하는 데 걸린 시간}$$

이제 파동과 같은 속도로 이동하기로 했다고 가정해 보자. 파동의 속도로 이동한다는 것은 파동의 최고점(마루)이나 최저점(골) 혹은 이 두 점 사이의 어떤 점과 함께 이동하는 것이다. 그런데 그렇게 이동한다면, 파동은 전혀 파동처럼 보이지 않을 것이다. 그것은 단지 어떤 일정한 크기의 장애물처럼 보일 것이며, 아무것도 주기적으로 나를 스쳐 지나가지 않기 때문에 파동의 속성을 전혀 알 수 없다.

거울의 예에서 A가 거울에서 자신의 얼굴을 볼 수 없을 때, 빛의 속도로 여행하고 있음을 알았다. 마찬가지로 이런 현상이 일어날 때 사신이 파동의 속도로 움직이고 있음을 알게 될 것이다.

갈릴레이의 상대성 실험

물리학에서 상대성의 역사는 17세기의 갈릴레이까지 거슬러 올라간다. 갈릴레이는 지구가 정말로 움직인다면 왜 새들이 하늘을 날 때 뒤처지지 않는가 하는 의문을 가졌다.

이 의문을 풀기 위해 갈릴레이는 일정한 속도로 움직이는 배의 돛대 위에서 추를 떨어뜨렸다. 그리고 그 추가 돛대의 바로 밑에 떨어지는지, 배가 이동한 만큼 뒤로 가서 떨어지는지를 관찰했다. 추는 바로 돛대 밑에 떨어졌다. 그것은 그가 이미 예측했던 결과였다.

어떻게 갈릴레이는 그런 예측을 할 수 있었을까?

물체가 일정한 속도로 이동한다면, 그 물체 안에서는 마치 그것이 움직이지 않을 때와 똑같다는 것을 알았기 때문이다. 갈릴레이의 배 실험에서는 배는 움직이지 않고 그 아래에서 일정한 속도로 움직이는 바다만 움직인다고 상상할 수 있다. 그래서 배가 움직이지 않을 때와 마찬가지로 추는 돛대 바로 밑으로 떨어졌던 것이다.

 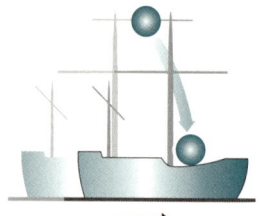

아인슈타인이 느낀 의문점

아인슈타인은 사고 실험을 통해 기차가 빛의 속도로 이동하면 거울에서 자신의 얼굴을 볼 수 없음을 알았다. 갈릴레이는 물체가 일정한 속도로 움직인다면, 그 물체 안에서는 물체가 움직이지 않을 때와 마찬가지라고 주장했는데 말이다.

아인슈타인의 사고 실험 결과는 갈릴레이가 상대성 원리를 위반하고 있는 것 같다. 아인슈타인은 이 문제 때문에 몹시 괴로웠다고 회상했다. 그는 자서전에서 "특수상대성이론의 싹은 그런 모순에 있다"라고 썼다.

만약 아인슈타인이 상대성이론의 실마리가 되는 이 모순을 열여섯 살때부터 알았다면 왜 10년이 넘도록 아무런 이론도 창안하지 않았을까?

진짜 문제는 다른 곳에 있었기 때문이다. 그는 이 모순의 원인은 시간에 있다는 것을 알았다. 그리고 바로 그 시간의 본질을 분석하는 데 10년이 걸렸다.

시간의 본질

조금만 생각해 보면, 두 가지 종류의 시간이 있음을 알 수 있다. 나이에 대한 우리의 느낌과 같은 '주관적 시간'과 시계로 잴 수 있는 시간인 '객관적 시간'이다.

주관적 시간과 객관적 시간은 어느 정도 서로 관련이 있으므로 우리는 경험한 사건들을 시계를 기준으로 순서대로 배열할 수 있다. 우리가 서로 어떤 일에 대해 의견을 나눌 수 있는 것도 시간에 대한 공통 의식을 가지고 있기 때문이다.

시간에 대한 공통 의식은 뉴턴의 '절대시간' 이론에 자세히 나와 있다. 그는 《프린키피아》에서 "절대적이고 본래적이며 수학적인 시간은 그 자체가 하나의 본성이다. 따라서 외부의 어떤 것에도 영향을 받지 않고 변함없이 흐른다. 그리고 이는 '지속'이라는 다른 이름으로 불린다"라고 하였다. 그리고 뉴턴의 '절대시간' 이론에 따르면 인간은 빛의 속도도 따라잡을 수 있다.

속도에 의해 결정되는 시간

아인슈타인이 일기를 쓰지 않았기 때문에 그가 상대성이론에 이르게 된 과정을 정확히 알 수는 없다. 그래서 1905년 봄에 상대성이론의 마지막 공식이 갑자기 그의 머리에 떠오른 것처럼 보이기도 한다. 그는 상대성이론에 관한 논문을 6월에 썼는데, 불과 5~6주 전까지만 해도 그 이론이 명확하지 않았던 것 같다.

아인슈타인은 그해 봄, 친구 베소의 집을 방문했다. 베소는 1904년부터 베른의 특허국 사무소에서 함께 일했던 친구인데, 가족들과도 알고 지낼 정도로 친했다. 아인슈타인은 베소와 함께 자신의 새로운 이론에 대해 이야기를 나누었다. 그런데 갑자기 어떤 영감 같은 것이 그의 머리를 스치고 지나갔다. 그러자 상대성이론에서 불확실해 보이던 모든 것들이 갑자기 이해되었다고 한다. 그것이 바로 '시간은 속도에 의해 결정된다'라는 것이었다.

변하지 않는 빛의 속도

아인슈타인은 관찰하는 사람에 따라 시간과 속도가 다르게 관찰된다는 상대성이론을 넘어서는 대담한 가정을 하나 했다. 그것은 어디에서든 빛의 속도가 동일하다는 생각이었다.

관찰자가 빛을 향해 가고 있든, 혹은 그것으로부터 멀어져 가고 있든 빛의 속도는 늘 일정하다. 이 사실을 이해하기 위해서 어떤 관찰자가 빛의 속도의 1/2로 한 별에서 다른 별로 이동하는 우주선에 있다고 가정해 보자. 관찰자를 향해 움직이는 별의 속도는 얼마나 될까? 물론 빛의 속도 c이다! 만약 관찰자가 우주선의 속도를 빛의 속도의 3/4으로 가속한다고 해도, 답은 역시 c이다.

이것이 아인슈타인의 '광속도 불변의 원리'이다. 이 이론은 시간이 절대적이지 않다는 가정을 바탕으로 한 것이다. 관찰자에 따라 시간 T(정지해 있는 관찰자 S의 시간)와 T'

광속도 불변의 원리
진공 속에서 빛의 속도는 빛을 내는 물체가 정지해 있든지, 일정한 속도로 운동을 하든지 항상 일정한 값을 가진다는 원리이다. 특수상대성이론의 기본 원리이기도 하다.

(움직이는 관찰자 S'의 시간)는 달라지므로 '광속도 불변의 원리'와 같은 새로운 규칙을 적용할 수 있는 것이다(71~75쪽 참조). 관찰자가 움직이는 속도 v가 빛의 속도 c에 가까와질수록 T와 T'의 차이는 훨씬 더 커진다. 여기서 T'는 항상 T보다 크다. 이것을 물리학자들은 '시간 팽창'이라고 부른다.

시간과 속도 관계를 입증하는 실험

시간과 속도에 관한 아인슈타인의 이론은 이제 실험으로도 검증되었다. 그 실험은 입자 가속기에서 만들어지거나 외계에서 우주 광선의 형태로 지구에 도달한 입자를 가지고 한 것이다. 이런 입자들 대부분이 불안정한 상태이고, 다른 입자와 충돌하면 붕괴된다.

입자가 붕괴되는 데 걸리는 일정한 시간을 '입자의 평균 수명'이라고 한다. 대체로 입자의 평균 수명은 너무 짧아서 몇 마이크로초에 불과하다.

고에너지 물리학 연구실에서는 탐지기에 장착된 입자들의 트랙을 연구함으로써 입자들의 짧은 평균 수명을 관찰할 수 있다. 입자가 정지 상태에 있을 때와 빠른 속도로 운동하고 있을 때 생기는 평균 수명의 차이도 관측

된다. 그 결과는 입자들이 정지 상태에 있을 때보다 운동 상태에 있을 때가 수명이 길다는 것이다. 그래서 물리학자 필리프 프랑크는 "여행하라. 그러면 젊음을 유지할 것"이라고 말하기도 했다.

전쟁 기금을 위해 논문을 다시 쓴 아인슈타인

우리는 아인슈타인이 상대성이론에 관한 논문을 쓴 1905년을 '기적의 해'라 부른다. 그것은 아인슈타인의 이론이 물리학에서 기적과도 같은 혁명을 불러일으켰기 때문이다. 지금도 많은 과학자들이 그의 아이디어를 빌려 연구를 진행하고 있다. 그 자세한 내용은 다음 장에서 다루는 것이 좋겠다. 그건 그렇고, 그의 논문이 색다르게 사용된 흥미로운 이야기가 있다.

1943년에 아인슈타인은 상대성이론에 관한 논문을 경매에 부쳐 전쟁 기금으로 기부해 달라는 부탁을 받았다. 하지만 불행하게도 논문의 원본은 사라지고 없었다.

할 수 없이 아인슈타인은 비서에게 논문을 읽게 하고, 그것을 받아써서 필사본을 만들었다. 이 필사본은 500만 달러 가치의 전쟁 채권으로 팔렸고, 지금은 워싱턴의 국회 도서관에 보관되어 있다.

그런데 비서가 읽어 주는 논문을 받아쓰던 아인슈타인이 갑자기 어느 대목에서 읽는 것을 중단시켰다. 그 부분이 정

1943년에 500만 달러 가치의 전쟁 채권으로 한 보험회사에 팔린
아인슈타인의 상대성이론 논문의 육필 사본

말로 자기가 쓴 그대로인지를 확인하기 위해서였다. 자신이 쓴 내용을 확인하고 난 아인슈타인은 "훨씬 더 쉽게 쓸 수 있었을 텐데……" 하며 아쉬워했다고 한다.

빛에 관한 이론의 짧은 역사

빛에 관한 하위헌스의 생각

17세기 후반의 물리학은 두 사람이 지배했다. 아이작 뉴턴과 그보다 나이가 많은 네덜란드의 물리학자이자 천문학자인 크리스티안 하위헌스였다.

하위헌스는 빛은 단순한 파동으로 전달된다고 믿었다. 두 파동이 만나면 새로운 파동이 생겨나는데, 그 파동의 속성들은 처음 두 파동들이 상호작용한 결과이다. 파동들 각각이 큰 진폭을 가지는 곳에서 만나면 합성된 파동은 더 큰 진폭을 가지게 될 것이다. 반면에 골에 해당하는 파동이 마루에 해당하는 다른 파동과 겹친다면, 두 파동은 서로를 상쇄시킬 것이다. 이것이 '파괴적 간섭'이라고 알려진 현상이다. 우리는 그런 현상을 쉽게 관찰할 수 있다. 연못에 돌을 던지고 물결들이 서로 어떻게 충돌하는지를 보면 된다.

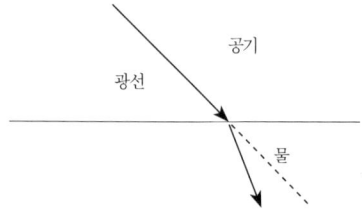

빛은 작은 빛 알갱이들이
모여 이루어졌는가?

하위헌스는 물결의 파동들이 서로 간섭하는 효과를 빛에도 적용할 수 있다는 가정 아래 물 같은 매질 속에서 빛이 굽는 것 같은(이를 '굴절'이라고 한다) 빛의 속성들을 설명하려고 했다.

빛에 관한 뉴턴의 생각

빛에 관한 뉴턴의 견해는 이보다 훨씬 복잡했다. 뉴턴은 '원자론자'였다. 《광학》이라는 빛에 관한 저서에 입자에 대한 이야기가 있다.

"신이 태초에 고체로 된 딱딱한 덩어리며 뚫고 들어갈 수 없고 이동 가능한 입자들로 물질을 만들었다고 생각하는 것은 내게는 그럴듯해 보인다. 그것들은 너무 딱딱해서 결코 닳거나 깨지지 않는 것이다. 우리가 생각할 수 있는 어떤 힘으로도 태초에 신이 직접 하나로 창조하신 그것을 갈라놓을 수 없다."

당시에 뉴턴이 빛 또한 입자들로 이루어졌다고 생각한 것은 당연한 일이다. 하지만 빛의 입자설에 어긋나는 몇 가지 현상들이 있었다. 뉴턴 자신도 그 현상들 중 하나에 대하여 연구했다.

빛은 파동의
연속인가?

이른바 '뉴턴의 원무늬' 혹은 '무지개 모양의 고리들'이라고 불리는 이 연구는 비누 거품이나 길거리에 있는 기름 얼룩과 관련이 있다. 뉴턴은 입자들의 전달이 어떻게 그런 현상을 만드는지 설명할 수 없었다.

뉴턴은 《광학》에서 빛이 입자가 움직이는 방식과 같은 직선 운동을 한다는 것을 인정했다. 더 나아가 뉴턴은 빛이 파동과 입자의 성격을 모두 가지고 있는 것 같다고 추측하기도 했다. 하지만 뉴턴의 계승자들은 이러한 미세한 구분의 진가를 인정하지 않고, 엄격한 빛의 입자 이론만을 따랐다.

빛에 관한 영의 생각

19세기 초반까지만 해도 '빛의 이론'에서 입자론자와 파동론자가 서로 대립하였으나, 차츰 파동론 쪽이 우세해진 것으로 보였다. 파동론을 확립한 첫 번째 실험을 한 사람은 영국의 토머스 영이다.

1773년에 태어난 영은 두 살 때 이미 글을 읽었고, 여섯 살 때 성경을 두 번이나 독파하고, 라틴어 공부를 시작한 천재였다. 말년의 그는 이집트

끊임없이 운동하며 나아가는 빛

상형 문자를 풀어내는 데도 중요한 공로를 세웠다.

영은 1800년에 빛의 본성에 대한 첫 번째 논문을 발표했다. 그는 여기에서 빛의 파동들이 합성될 때 서로 '중첩'하여 결합한다는 것을 최초로 주장했다.

작은 구멍을 뚫은 첫 번째 막 뒤에 몇 밀리미터 간격으로 두 개의 구멍을 뚫은 두 번째 막을 놓아보자. 그리고 첫 번째 막의 구멍을 통해 빛을 비춘다면, 마지막 스크린에는 밝은 선과 어두운 선이 교차로 나타난다. 밝음과 어두움이 교차하면서 나타난 이 무늬는 빛의 파동들이 서로 간섭하면서 나타난 결과이다.

이것은 파동으로는 가능하지만, 직선 운동을 하는 입자에게는 불가능한 빛의 성질을 보여 준다.

빛에 관한 맥스웰의 생각

1868년에 맥스웰은 〈빛의 전자기장 이론에 대한 고찰〉이라는 논문을 발표하였다. 그는 그 논문에서 빛이 전기력과 자기력의 합성으로 만들어진 전자기적 파동이며, 이 파동의 힘은 규칙적으로 변한다는 것을 증명하였다. 맥스웰은 빛의 전자기적 파동을 에테르 속에서 상하 운동과 전진 운동을 함께 하는 진동으로 간주했다. 이것이 아인슈타인이 아라우에서 고등학교를 다니던 1896년에 가졌던 빛에 대한 생각이었다.

뉴턴 시대의 물리학자들이 본
빛의 속도

아인슈타인 이전의 물리학자들이 빛의 속도를 따라잡을 수 있다고 주장한 이유를 다음 그림을 통해 살펴보자.

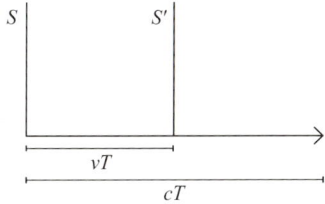

정지 상태의 관찰자 S가 빛의 파동을 내보낸다. 이 관찰자에게 파동은 시간 T 동안 거리 cT만큼 이동한다. 그런데 여기에 움직이는 또 다른 관찰지 S′가 추가된다

시간 T 동안, 이 관찰자는 거리 vT만큼 오른쪽으로 이동한다. 그러므로 이 관찰자가 빛과 같은 점에 도달하려면 거리 cT-vT=T(c-v)만큼 이동하여야 한다.

아인슈타인 이전의 물리학자들에 따르면, 이 움직이는 관찰자에게 광속

영원히
따라잡을 수 없는 빛

은 단지 c-v였다. 만약 c-v라는 식에서, v=c로 두면 0을 얻을 수 있는데, 이것은 당신이 빛을 따라잡을 수 있다는 뜻이다. 즉 이 관찰자가 빛의 속도 c로 움직이면 그는 빛을 따라잡을 수 있게 된다.

그런데 이런 주장에는 하나의 가정이 '슬쩍 끼워져 있다.' 그 가정은 두 관찰자가 모두 시간 T를 같은 의미로 받아들인다는 것이다. 만약 그렇지 않다면 관찰자가 빛의 속도로 이동한다고 해서 반드시 빛의 파동을 따라잡을 수 있다고 결론내릴 수는 없을 것이다. 이때는 관찰자의 속도가 뉴턴이 주장했던 방식으로 가속되지 않기 때문이다.

동시성과 속도

아인슈타인은 1905년에 발표한 그의 논문에서, "시간이 개입하는 우리의 모든 판단들은, 항상 동시에 일어나는 사건에 대한 판단이다. 예를 들어, 만약 내가 '저 기차는 7시에 여기에 도착한다'라고 말한다면 내가 말하고자 하는 것은 내 시계의 시침이 7을 가리키는 것과 기차가 도착하는 것은 동시에 일어나는 사건이라는 것이다"라고 쓰고 있다.

만약 두 사건이 공간적으로 같은 장소에서 발생한다면, 우리는 그것들이 동시에 일어난다는 의미를 직관적으로 이해할 수 있다. 그런데 문제는 만약 각각 어느 정도 떨어진 곳에서 두 사건이 동시에 발생했다고 했을 때, '동시'의 뜻이 무엇인가 하는 것이다.

만약 빛의 속도가 무한대라고 한다면, 그 사건이 발생했을 때 가까이 있는 시계를 '보면' 되기 때문에 문제가 생기지 않는다. 뉴턴과 그의 후계자들은 빛의 속도가 무한대라는 것을 암시적으로 가정했기 때문에 '동시성'에 대해 아무런 의문도 품지 않았다.

하지만 아인슈타인은 '동시성'에 의문을 품고, 다음 쪽의 그림과 같은 상황을 가정해 보았다. 철로를 따라 기차가 달리고 있을 때 기차에 있는 관찰자를 S′, 철로에 고정되어 있는 관찰자를 S라고 하자. 이제 두 개의 번갯불이 중앙에 있는 관찰자로부터 동일한 거리만큼 떨어진 철로 위로 떨어지고, 너무 멀어서 보이지 않는다고 상상해 보자. 이 두 개의 번개가 각각의 지점에서 '동시에' 쳤다는 것은 무엇을 뜻하는가?

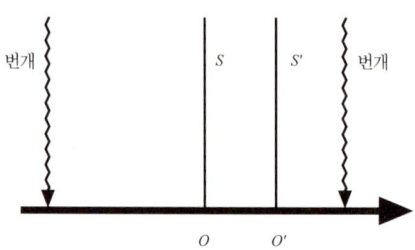

우리는 다음을 상상할 수 있다. 철로와 가까이에 있는 사람들이 번개가 쳤음을 알리기 위해 그림의 가운데 지점 O에 있는 관찰자에게 빛으로 신호를 보낸다. 만약 이 두 신호가 O에 동시에 도달한다면, 우리는 번개가 양쪽에 동시에 떨어졌다고 결론을 내릴 수 있다.

하지만 O′ 즉 S′좌표계의 원점에 위치한 사람은 어떤 관측 결과를 얻을 수 있는가? 여기서 우리는 S좌표계에 고정되어 있는 관찰자와 상대적으로 O′에 있는 관찰자의 운동을 고려하여야 한다. O′의 관찰자는 기차를 타고 오른쪽으로부터 오는 빛을 향해 이동하며 왼쪽으로부터 오는 빛에서는 멀어지고 있다. 그러므로 이 두 광선이 O′에 도착하기까지 이동하게 되는 거리는 서로 다르다. 광선이 O′에 다다르기 위해 이동해야 하는 거리는 오른쪽에서 올 경우가 왼쪽에서 올 경우보다 훨씬 짧다.

따라서 오른쪽에서 오는 광선이 더 빨리 O'에 도착할 것이다. O'의 관찰자는 수 킬로미터 떨어진 곳에 친 번개들을 볼 수가 없기 때문에, 두 번개가 동시에 치지 않았다고 결론을 내릴 수밖에 없다. 사실, O'의 관찰자는 오른쪽의 번개가 왼쪽의 번개보다 훨씬 먼저 친 것이라고 결론을 내릴 것이다.

결과적으로, O에 있는 관찰자와 O'에 있는 관찰자는 번개들이 친 각각의 시각에 대해 다른 생각을 하게 될 것이다. O의 관찰자는 두 번개가 동시에 쳤다고 하는 반면에, O'에 있는 관찰자는 시계를 보고 오른쪽의 번개가 왼쪽의 번개보다 더 빨리 쳤다고 말할 것이다. 이처럼 시간의 흐름은 정지한 관찰자와 움직이는 관찰자에게 서로 다르게 보이며, 이는 속도에도 영향을 준다.

양자에 대한 놀라운 이야기

아인슈타인과 첫 번째 부인 밀레바와
아들 한스 알베르트(1904)

아인슈타인과 밀레바는 1903년 1월에 결혼했다. 두 사람의 결혼 생활은 행복했고, 1904년 5월에 첫아들 한스가 태어났다.

그해 9월에 아인슈타인은 스위스 특허국 사무소의 정규직 사원으로 승진했다. 그는 그동안 1905년 한 해에만 5편의 탁월한 논문과 박사 논문을 쓰며 물리학의 토대가 되는 연구를 수행했다. 이런 사실 때문에 특허국의 업무가 한가하고 손쉬웠을 것이리라 생각하기 쉽다. 그러나 사실은 그렇지 않았다.

아인슈타인은 특허국에서 발명 특허 출원을 검토하는 일을 맡았다. 그는 발명에도 관심이 많았기 때문에 그 일을 즐길 수 있었다. 실제로 아인슈타인은 1920년대 말에 헝가리 물리학자인 실라르드 레오와 함께 몇몇 발명품을 만들어 특허를 받기도 했다. 그것들 가운데 하나는 소음 없는 냉장고였다. 그러나 더 쉬운 방법이 발견되면서 실용화되지는 못했다.

현대 물리학의 기초를 마련하던 1905년 무렵의 아인슈타인은 집에서는 가사를 돕고, 사무실에서는 온종일 업무로 바빴다. 그의 물리학은 빠듯한 여가 시간을 활용한 연구에서 탄생한 것이다.

잘못된 뉴턴의 법칙

우리는 앞에서 아인슈타인이 1905년에 쓴 상대성에 관한 논문이 공간과 시간에 대한 개념을 어떻게 바꾸어 놓았는지를 살펴보았다. 이제부터는 이것이 질량의 개념을 어떻게 바꾸어 놓았는지를 알아보자.

뉴턴의 운동 법칙은 'F=ma(F=힘, m=질량, a=가속도. 힘은 질량에 가속도를 곱한 것이다)'로 표현된다. 뉴턴의 뛰어난 통찰력은 힘이 물체의 운동을 바꾸어 놓는 역할을 한다고 간파한 부분에서 빛난다.

뉴턴의 이론대로라면 힘이 가해지지 않은 물체는 정지 상태로 머무르거나 계속 같은 속도로 운동한다. 또 일정한 힘이 가해지는 물체는 계속해서 속도가 빨라져서 결국 빛의 속도보다도 빠르게 움직일 수 있게 된다. 그러나 '광속도 불변의 원리'를 주장한 아인슈타인의 상대성이론에서는 이것을 허락하지 않는다.

아인슈타인은 1905년의 논문에서 질량의 개념이 바뀌어야 한다고 주장했다.

뉴턴의 법칙에서는 물체의 질량은 그것이 운동하고 있는 속도에 의존하지 않는다. 물체의 질량은 정지 상태에서 측정되든 운동 상태에서 측정되든 동일하다. 하지만 아인슈타인의 상대성이론을 따르는 법칙에서는 물체의 질량은 속도에 의존한다. 아인슈타인은 물체의 속도가 빛의 속도에 가까워질수록 질량이 점점 늘어나 결국에는 더 이상 속도를 높일 수 없음을 수학적으로 증명하였다.

물체가 가지고 있는 에너지

에너지
물체가 가지고 있는 일을 할 수 있는 능력을 말한다. 운동에너지, 위치에너지, 열에너지, 질량에너지 등이 있다.

아인슈타인은 질량과 속도의 관계를 파헤치던 중에 '$E=m_0c^2$'(E=에너지, m_0=정지 질량, c=빛의 속도. 에너지는 질량에 광속의 제곱을 곱한 것이다)이라는 유명한 방정식을 만들어 냈다. 여기서 가장 먼저 주목해야 할 점은 이 방정식이 물체의 입자에 거대한 양의 에너지가 함유되어 있다고 예측한다는 것이다.

이 에너지가 얼마나 막대한가를 상상하기 위해서, 1그램의 물질에서 그 전체 질량을 에너지로 방출시킬 수 있다고 가정해 보자. 1그램은 그렇게 많은 물질이 아니다. 그러나 빛의 속도는 매우 큰 값이고 아인슈타인의 공식에서처럼 빛의 속도를 두 번 곱한다면, 그에 상응하는 에너지 값은 아주 커진다. 이렇게 계산한 물질 1그램의 에너지로 1억 개의 전구를 한 시간 동안 밝혀 놓을 수 있다고 한다.

거의 주목받지 못한 위대한 논문

기적의 해인 1905년에 발표한 아인슈타인의 논문들은 처음에는 거의 주목받지 못하였다. 아인슈타인은 대학교에서 강의하지도 않았고, 박사 학위조차 없었다. 게다가 그는 스물여섯 살의 청년이었다.

아인슈타인은 다른 젊은이들처럼 자신이 매우 파격적인 것을 발표했기 때문에 반응이 폭발적일 것이라고 기대했다. 하지만 그가 기대했던 반응은 오랜 시간이 흐른 후에야 일어났다. 그것은 그의 논문이 널리 이해되기까지 오랜 시간이 필요했다는 말이기도 하다.

아인슈타인이 논문을 쓴 방식에도 조금 문제가 있었다. 그는 다른 사람들이 이미 해 놓은 연구에다가 자신의 연구를 연관시키려는 노력을 거의 하지 않았다. 그의 상대성이론 논문은 다른 물리학자의 논문을 단 한 권도 참고하지 않았던 것이다!

그의 상대성이론 논문에 도움을 주었던 유일한 사람은 친구 베소였다. 아인슈타인은 그 논문에서 베소에 대해 "여기서 다루어지는 문제를 연구할 때 내 친구 베소의 성실한 도움이 있었다. 그리고 그는 여러 가지 유익한 충고를 해 주었다"라고 썼다.

어쨌든 아인슈타인의 논문은 너무 완벽해서 쓰여진 지 거의 100년이 되어가는 오늘날에도 상대성이론을 배우려는 사람들이 꾸준히 읽고 있다. 또 그의 논문은 아직도 쓰여질 당시만큼이나 참신하다. 그의 논문은 물리학의 고전이요, 대작이라 할 수 있다.

물질에 들어 있는
에너지를 방출시키는 방법

물질들의 일정한 질량에 포함된 에너지를 방출시키는 방법에 대하여 알아보자. 이를 위한 가장 효과적인 방법은 일반 물질과 닮았으면서도 원자 상태에서의 전기적 구성이 반대되는 반물질을 찾아 충돌시키는 것이다. 그들이 충돌했을 때, 물질과 반물질은 그들이 가진 에너지($2m_c c^2$)를 모두 소모하면서 폭발한다.

불행하게도(혹은 다행스럽게도) 우주에는 반물질이 그렇게 많지 않다. 우리는 대부분의 반물질을 고에너지 입자 가속기에서 만들어 내야만 한다. 어쨌든 소량이긴 하지만 반물질은 입자 물리학 연구실에서 언제든지 만들 수 있다.

하지만 아인슈타인이 상대성이론을 만들어 낸 1905년에 반물질은 완전히 미지의 존재였다. 그것은 1930년대 초에야 발견되었다. 더 중요한 것은 불과 9년 전인 1896년에 프랑스의 물리학자 앙리 베크렐에 의해 발견된 방사능이었다. 사람들은 방사능이 새로운 에너지원이 되리라 생각했지만, 그 엄청난 에너지가 어디에서 나오는지 몰라 혼란스러워했다. 하지만 아인슈타인이 하기 전까지 아무도 이것을 설명할 수 없었다. 아인슈타인의 공식은 명쾌한 설명이 되었다.

일정한 양의 물질에서 방사능 붕괴가 있은 후에는 원래의 것보다 질량이 작아져야 한다. 이런 질량의 감소는 방사능 붕괴에서 손실된 에너지를 측정할 수 있는 단서다. 아인슈타인은 그의 논문에서 이러한 방사능 붕괴의 예를 이용했다. 그러나 당시에는 방사능에 대해 거의 알려지지 않았기 때문에, 그도 자신의 설명에 절대적인 확신을 갖지는 못했다. 그는 방사능 붕괴 사례로 자신의 이론이 "성공적으로 시험대에 오를 수 있을 것이다"라고만 말했다. 그리고 그의 이론이 맞다는 것이 모든 방사능 원자 붕괴 실험을 통하여 성공적으로 밝혀졌다.

자신의 이론에 대한 확신

아인슈타인의 상대성이론 논문을 처음으로 참고한 사람은 독일의 실험 물리학자였던 발터 카우프만이었다. 그는 수 년 동안 라듐 원소의 방사능 붕괴 과정에서 방출되는, 고속 운동 중인 전자의 반응에 관해 연구하고 있었다.

그는 네덜란드의 물리학자 헨드릭 로런츠가 제안했던 모형을 가지고 실험했다. 이 모형에서 로런츠는 전자를 작고 전기적인 전하를 띤 구형으로 시각화했다. 로런츠 역시 전자가 운동을 하면 그 질량이 증가한다고 주장했다. 로런츠는 그가 주장한 이론이 아인슈타인 이론의 매우 특수한 경우일 뿐이라는 것을 알지 못했다.

헨드릭 로런츠 1853~1928
네덜란드 출신의 이론물리학자. 전자 이론의 개척자로 통일된 전자론을 구성하여 상대성이론이 탄생하는 데 도움을 주었다. 1902년에 노벨 물리학상을 받았다.

카우프만은 로런츠의 이론대로 전자가 운동을 하면 질량이 증가하는지 실험을 했다. 그런데 실험 결과는 로런츠의 주장과 일치하지 않았다. 그래서 그는 논문을 통해 '아인슈타인-로런츠' 이론이 틀렸다고 결론 내렸다.

이 결과를 전해 듣고, 로런츠는 자신의 이론이 잘못되었다고 인정했다. 그러나 아인슈타인은 오히려 카우프만의 실험이 틀렸다고 확신했다. 결국 몇 년 지나지 않아 아인슈타인의 확신대로 카우프만의 실험이 잘못됐다고 판명되었다.

아인슈타인은 자신의 이론이 너무 조화롭고 완벽하다고 생각했다. 이것은 주목할 만한 태도인데, 아인슈타인은 평생 동안 그런 자신감을 유지했다. 여기에서 아인슈타인의 자신감에 대한 일화를 하나 더 소개해 볼까 한다.

1919년에 일어난 일이다. 아인슈타인의 조수 일스 로젠탈 슈나이더가 자신의 실험 결과가 아인슈타인의 이론적인 예측이 맞다는 걸 증명했다고 기뻐했다. 그러자 그는 조금도 동요하지 않고, "나는 그 이론이 옳다는 것을 이미 알고 있었네"라고 말했다.

슈나이더는 아인슈타인에게 만약 예측했던 것과 반대의 결과가 나왔다면 어떻게 하셨을거냐고 물었다. 그러자 그는 "신을 원망했겠지. 그러거나 말거나 내 이론은 옳네"라고 대답했다.

물리학 연구를 활발히 하던 기간 내내 진리에 대한 아인슈타인의 직관은 한번도 틀린 적이 없었다. 그에겐 어떤 것이 믿을 수 있는 실험이고, 어떤 것이 그렇지 못한가를 감지하는 신비로운 능력이 있었다.

물질을 이루는 가장 작은 알갱이는 존재하는가

아인슈타인의 연구 결과는 막스 플랑크의 더욱 심도 깊은 연구를 통해 양자이론과 빛의 입자설로 발전했다. 양자이론은 상대성이론보다 더욱 깊은 심연으로 우리를 이끈다. 사실, 양자이론의 바다는 너무 깊어서 아인슈타인 자신도 거기서 헤엄치지 않기로 결심했던 것이다.

하지만 아인슈타인이 1905년 발표한 논문들에서 가장 논란이 되었던 것은 원자가 '존재하는가 아닌가' 하는 문제였다. 원자의 존재를 믿지 않았던 에른스트 마흐는 그것을 믿는 사람들에게 "최근에 그것을 본 적이 있는가?" 하고 질문했다. 지금이야 특수 고배율 현미경으로 원자의 '상'을 볼 수 있지만, 그 당시에는 불가능한 일이었다.

현대 사람들은 대중매체에서 보았던 원자 모형 때문에 원자의 존재를 쉽게 믿는다. 사실 원자의 존재에 대해 의견이 엇갈렸던 시절에도 원자를 믿는 사람이든 믿지 않는 사람이든 동의한 사실이 하나 있었다. 물질이 원자라는 가장 작은 알갱이로 이루어졌다고 가정하면 물질에 관해 많은 것을 설명할 수 있다는 것이었다. 그런데 뉴턴이 말한 것과 같이 "고체이고 단단해서 더 이상 쪼갤 수 없는 이동 가능한 입자"가 정말 존재할까?

원자에 대한 두 가지 모형

19세기 말까지는 실제로 두 가지 원자 모형이 있었다. 즉 화학자가 쓰는 것과 물리학자가 쓰는 것이 따로 있었다.

화학자들은 화학적 원소가 일정한 비율로 서로 결합하는 이유를 설명하기 위해 원자 모형을 이용했다.

예를 들어 두 개의 수소 원자와 한 개의 산소 원자가 결합하여 물 분자 하나가 만들어졌다고 치자. 여기서 두 개의 수소와 한 개의 산소가 결합하여 물 분자가 되는 이유를 수소 원자와 산소 원자의 전기적 특성을 통해 이해할 수 있다. 이때 원자의 크기나 모양, 질량의 차이는 아무런 소용이 없다.

반면에 물리학자들이 생각한 원자 모형은 이런 속성 모두를 포함해야 했다. 예를 들면, 물리학자는 수소 원자의 질량이 약 10^{-24}그램이라는 사실을 알고 싶어 했다. 그 이후로 원자가 실재한다는 확신을 주었던 것은 바로 그러한 속성들을 측정해 냈기 때문이다.

19세기에 제임스 클러크 맥스웰과 루트비히 볼츠만을 비롯한 물리학자들은 기체의 온도나 압력과 같은 '열역학적' 양과 기체를 구성한다고 가정했던 분자의 평균 운동의 관계를 보여 주는 데 현존하는 원자 모형을 이용했다.

예를 들면, 일정량의 기체를 담고 있는 용기의 벽과 기체 분자의 충돌 모델로 기체 온도의 상승에 따른 압력의 증가를 설명한 것이다. 온도가 올라가면 분자들이 운동하는 평균 속도가 증가된다. 분자들이 용기 벽에 충돌하는 초당 속도가 증가하면 충돌할 때마다 용기 벽에 전달되는 운동량이 증가되고, 이것은 용기 벽에 대한 압력을 높이다. 즉 온도가 올라감에 따라 압력이 높아진다는 사실을 원자라는 알갱이로 설명한 것이다.

브라운 운동

우리는 1세제곱센티미터 안에만 해도 10^{19}개 정도나 되는 기체 분자 각각의 운동을 추적할 수 없다. 그래서 과학자들은 이 분자들의 평균적 운동을 연구했는데, 이것은 주로 '통계역학'이라는 학문 분야에서 이루어졌다. 통계역학은 아인슈타인이 매우 좋아하던 분야 중 하나였다.

기적의 해인 1905년에 출간된 아인슈타인의 논문 중 두 편은 통계역학과 원자의 존재에 관한 것이다. 여기서 우리는 아인슈타인이 원자의 존재를 확신하고 있었음을 알 수 있다. 그 두 편의 논문은 '브라운 운동'과 관련이 있다.

로버트 브라운은 스코틀랜드의 식물학자였는데, 1827년 여름에 물에 담긴 식물들의 꽃가루를 보고 연구하기 시작했다. 꽃가루 입자는 그 길이가 1밀리미터도 안 되기 때문에, 현미경을 통해서만 관찰할 수 있다. 그가 주목한 것은 물속에서 꽃가루들이 계속해서 상하좌우로 움직인다는 사실이었다.

처음에 브라운은 꽃가루가 살아 있는 것이 아닌가 생각했다. 그러나 약 20년 동안 보관해 두었던 마른 꽃가루로 실험해도 결과는 마찬가지였다. 다른 물질들 중에서 고무나무 수지, 콜타르, 망간, 니켈, 비스무트, 비소 등을 현미경으로 관찰해도 마찬가지였다. 꽃가루가 물속에 떠 있게 되면 상하좌우로 움직였다. 이 불규칙한 운동은 이제 '브라운 운동'이라고 불리게 됐다.

19세기의 몇몇 원자론자에게는, 브라운 운동의 원인이 확실해 보였다. 그것은 보이지 않는 물 분자와 현미경으로

만 볼 수 있는 물질 입자 사이의 끊임 없는 충돌 때문이었다. 이 주제를 양적으로 잴 수 있는 과학으로 처음 만든 사람이 바로 아인슈타인이었다.

빛에 관한 새로운 이론

아인슈타인에게 노벨상을 안겨 준 연구는 빛에 관한 것이었다. 1905년 3월에 출간된 첫 번째 논문에서 빛에 관한 연구의 실마리를 발견할 수 있다. 그 논문의 제목은 〈빛의 생성과 변환에 관한 발견적 관점에 관하여〉이다.

'발견적'이란 말은 '문제를 해결하는 데 도움이 되거나 방향을 제시하는 것, 그렇지 않을 경우에 타당하지도 않고 타당성을 주장할 수도 없는 것'이다. 왜 아인슈타인이 자신의 관점에 대해 '발견적'이란 말을 썼을까? 자신의 이론이 타당성을 주장할 수 없다고 생각한 것은 분명 아니었다. 오히려 그는 자신의 이론에 대해 항상 자신만만했다.

아인슈타인의 상대성이론은 고전 물리학을 새롭게 다듬은 것이라 설사 맥스웰처럼 에테르를 믿는 사람이라도 이해하는 데 무리가 없었다. 그래서 에테르를 믿는 사람 중의 하나인 로런츠도 결국 상대성이론을 받아들였다.

그러나 아인슈타인이 주장한 빛에 대한 새로운 이론만큼은 고전 물리학자들에게 쉽게 받아들여지지 않았다. 당시 대부분의 과학자들은 빛이 연속적인 파동의 모양으로 움직

아인슈타인 물리학 실험실
그는 경험과 직접 접촉에 매료되어 자기 시간의 대부분을 물리학 실험실에서 보냈다.

인다고 믿었다. 그런데 아인슈타인만은 빛이 한 곳에서 다른 곳으로 순간적으로 이동한다는 낯선 논리를 폈다.

빛의 두 가지 성질

아인슈타인은 빛의 성질에 관한 논문에서 플랑크의 공식(빛의 알갱이적 성질을 바탕으로 한 것이다. 94~96쪽 참고)에 대하여 혁명적인 결론을 내린다. 그는 플랑크의 공식이 "빛이 에너지의 양자로 구성되어 있다"라는 것을 말해 준다고 주장했다.

아인슈타인의 논문에서 "빛의 생성이나 변환과 관계되는 현상은, 빛 속에 존재하는 에너지의 양자가 불연속적으로 공간 속에 퍼진다고 가정하면 더 쉽게 이해될 수 있다"라고 밝혔다. 이 생각에 따르면, 발사점에서 방출된 빛의 에너지는 더욱 넓은 공간으로 연속적으로 퍼지는 것이 아니다. 그것은 어떤 공간의 한 지점에서 한정된 개수의 에너지 양자로 구성되어, 쪼개지지 않고 이동한다. 그리고 일정한 단위량으로만 흡수되고 방출된다. 예를 들면 아이스크림을 파인트와 쿼트 단위로 팔 때, 아이스크림 한 상자 안에 아이스크림이 파인트와 쿼트로 단단히 포장되어 있는 것과 같다.

아인슈타인은 빛의 양자 한 덩어리에 함유된 에너지 E를 '$E=h\nu$'라는 공식을 통해 살펴보았다. 여기서 ν(뉴)는 빛의 진동수이며, h는 플랑크가 만든 일정한 숫자(상수)이다. 이 공식에 따르면 에너지는 빛의 진동수와 관계가 있다. 즉 진동수 v인 모든 빛은 각각 에너지 hv를 가지는 양자의 집합으로 이루어져 있다. 그런데 진동수는 파동의 개념과 관계가 있다. 우리는 1초에 최고점을 몇 번 지나는가를 세어서 빛의 진동수를 측정할 수 있다. 결국 아인슈타인은 빛의 알갱이인 양자의 에너지를 정의하기 위해서 빛의 파동적인 성질을 이용하고 있다.

모순을 극복하고 노벨상을 탄 아인슈타인

아인슈타인은 빛이 파동적 성질과 입자적 성질 사이의 모순을 너무나 잘 알고 있었다. 그는 1905년 당시의 과학자들 중에서 거의 유일하게 그 사실을 알고 있었다.

아인슈타인은 일생 동안 그 모순에 대해 끊임없이 생각했다. 1951년에 베소에게 보낸 편지를 보면 "50년 동안 연구했지만 명쾌한 해답을 얻을 수 없네. 과연 광양자(파동적 성질과 입자적 성질을 모두 가진 빛의 알갱이)라는 것은 무엇인가?"라고 씌어 있다. 이 책의 끝부분에서 우리는 광양자에 대하여 다시 한번 살펴볼 것이다.

또 빛이 분광기에 의해 파장의 순서에 따라 분해되는 현상을 관찰하여 광양자가 마치 기체 속의 입자처럼 운동한다는 것을 밝혀냈다. 특히 광양자를 금속의 표면에 충돌시키면, 에너지를 함유한 전자들이 튀어나온다는 것도 알아냈다. 이때 전자들이 가진 에너지는 빛의 파장과 관련 있는 빛의 색깔에 따라 다르다. 빛이 '더 푸를수록' 방출된 전자들의 에너지는 더욱 높다. 이 현상은 일반인들에게 '광전 효과'로 알려졌고, 자동문을 포함한 많은 과학기술 분야에 적용됐다. 아인슈타인이 1921년에 노벨상을 수상한 것도 바로 이 연구 때문이었다.

흑체 복사와 플랑크 상수

1860년대에 물리학자 구스타프 키르히호프(그는 플랑크의 스승이기도 하다)는 빛의 방출과 흡수에 대한 실험 몇 가지를 했다. 실험은 매우 단순했다. 어떤 종류의 금속으로 만들어진 원통관의 한쪽 끝은 막고, 다른 한쪽 끝에는 빛이 지나갈 수 있도록 작은 구멍을 뚫었다. 만일 원통관이 상온에 있다면, 구멍을 통해 원통관 안으로 들어간 빛은 그 속에 머무르려 할 것이다.

구멍은 검게 보일 것이고, 그래서 그 속에 있는 복사 에너지는 보통 '흑체 복사 에너지'라고 불린다. 그런데 원통관을 가열하면, 표면이 달아오르면서 구멍에서 복사선이 방출된다. 이때 복사선은 더 밝은 빛을 내고, 온도가 올라감에 따라 색깔이 검붉은색에서 밝은 노란색으로, 다시 밝은 하얀색으로 차츰 바뀔 것이다.

가장 주목할 만한 점은 파장의 분포와 관련 있는 복사선의 색깔 분포는 원통관을 만든 물질과 전혀 관계가 없다는 점이다. 온도만 일정하게 유지된다면 원통관의 재료가 텅스텐이든 바나듐이든 색깔의 분포는 같다. 그런데 분광계로 살펴보면 모든 파장들의 빛이 드러난다. 구멍이 오렌지색으로 빛난다고 해서 오렌지색에 상응하는 파장을 가진 빛만 나타나지는 않는다. 복사선 중에서 가장 밀도가 높은 빛이 오렌지색에 상응하는

온도와 관련이 있는
빛의 색깔

파장을 갖고 있다고 보면 된다.

우리는 각각 다른 파장에 상응하는, 밀도들에 주어진 온도를 아래의 그래프처럼 나타낼 수 있다. 이것은 오렌지색과 같은 색깔에서 최대점이고, 파장이 짧아짐에 따라(즉 빛의 진동수가 커짐에 따라) 0에 가깝게 급격히 떨어지는 연속 곡선을 만든다. 이러한 도표를 흑체 스펙트럼이라고 부른다. 이 곡선을 살펴본 물리학자들은 그 형태로부터 흑체의 온도를 알 수 있다.

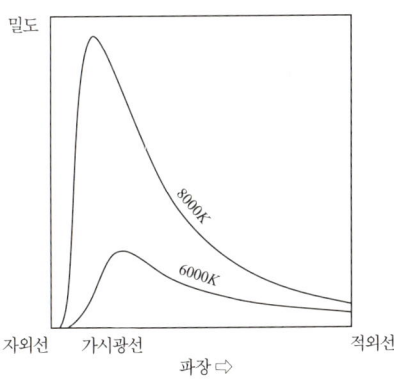

일정한
에너지 덩어리로만
움직이는 빛

플랑크는 흑체 스펙트럼에 푹 빠져서 플랑크의 흑점 분포로 알려진 공식을 만들어 냈다. 그는 이 공식을 만드는 과정에서 가열된 원통관의 금속 전자들이 앞뒤로 진동하는 것도 알아냈다. 또 이렇게 진동하는 전자들은 전자기적 방사선을 방출한다. 이러한 방사선은 차례로 진동하는 전자들에 의해 흡수되고, 다시 복사된다.

플랑크의 진동자들은 우리가 v(뉴)라고 부르는 기본적인 진동수를 가지고서 진동한다. 이것을 에너지로 만들기 위해서 플랑크는 하나의 일정한 숫자를 도입했는데, 이것이 플랑크 상수 h다. h는 빛의 속도나 전자의 전하와 같이 우주의 일정한 상수 중 하나다.

플랑크 상수의 관점으로 보면 양자의 에너지는 hv이다. 즉 플랑크의 진동자는 hv의 배수 단위에서만 에너지를 흡수하거나 방출할 수 있다. 플랑크 자신은 이러한 필요 조건에 불만이 있었지만, 이것이 바로 20세기 양자역학의 기초가 됐다.

아인슈타인의
광양자이론

각각의 광양자들은 어떤 에너지($E=h\nu$)를 가지고 있다. 여기서 E는 에너지, h는 플랑크 상수 그리고 ν는 진동수이다. 상대성이론에서 에너지는 운동량과 관련이 있다. 즉 각각의 광양자는 $p=h\nu/c$라는 등식에 의해 표현되는 운동량 p를 가진다.

파장과 빛의 진동수는 $\nu\lambda=c$라는 관계에 있기 때문에, 우리는 다음과 같이 표현할 수도 있다.

$$p = h/\lambda$$

이것은 광양자들이 무언가와 충돌한다면 당구공 사이에서 일어나는 것과 유사한 방식으로 에너지와 운동량을 전이시킨다는 것을 의미한다. (하지만 양자들은 빛의 속도로 움직이기 때문에 정확히 당구공과 같다고 할 수는 없을 것이다.)

광양자는 에너지와 운동량을 전달하지만 질량이 없는 입자들이다. 만일 그런 양자가 전자와 충돌한다면, 양자가 질량이 없음에도 불구하고 전자를 튀어나오게 만들 수 있다. 이것은 1922년 미국의 물리학자 아서 콤프턴에 의해서 자유 전자라는 것으로 관찰됐다. 자유 전자는 원자의 핵

🪐
빛이 가진 에너지는
무엇과 관련있을까?

주변에서 자유롭게 움직이다가 빛을 쪼이면 물체 밖으로 튀어나왔다.

1902년에 독일의 물리학자 필리프 레나르트는 금속 표면에 밀도가 다른 빛을 비추면서 하나의 실험을 했다. 레나르트가 빛의 밀도를 다르게 하자 금속 표면에서 튀어나온 전자들은 밀도와는 상관없이 동일한 에너지를 나타냈다. 이는 예기치 못한 결과였다.

고전 물리학에서는 빛의 밀도가 높을수록, 더 높은 전자 에너지를 얻을 수 있다고 보았다. 그런데 밀도가 높은 빛이 더 많은 전자를 만들어 내기는 했지만, 그렇다고 더 높은 전자 에너지를 낳은 것은 아니었다. 튀어나온 전자들의 에너지에 영향을 준 것은 금속 표면을 때리는 빛의 밀도가 아니라 진동수임이 분명했다.

아인슈타인은 이 모든 것을 광양자이론으로 한꺼번에 설명했다. 양자는 에너지 hv를 가진다. 광양자가 금속 표면에서 전자를 튀어나오게 하는 어떤 과정에서 만일 에너지가 그대로 보존된다면, 우리는 다음과 같은 간단한 등식을 얻을 수 있다.

$$hv = E-W$$

빛이 제공할 수 있는 에너지는, 전자가 사용할 수 있는 에너지 전부가 된다는 말이다. 여기서 hv는 광양자의 에너지이고, E는 작용하고 있는 전자의 에너지이며, W는 금속으로부터 전자를 튀어나오게 하는 데 필요한 에너지이다. 아인슈타인은 바로 이 공식으로 1921년에 노벨상을 받았다.

4

뉴턴을 무너뜨린
새로운 중력이론

1905년 6월에 아인슈타인은 취리히대학교에 박사 학위 논문을 제출했다. 이미 그때 그는 20세기 물리학의 출발점이나 마찬가지인 상대성과 양자에 대한 논문을 발표해 놓은 상태였다. 그런 그가 다른 교수들에게 학위 논문을 심사받아야 한다는 것은 조금 불합리해 보이기도 하다. 그러나 박사 학위를 받기 위한 절차를 천재 과학자라고 해서 피해갈 수는 없었다.

박사가 된 아인슈타인

아인슈타인의 학위 논문은 용액 속에 녹아 있는 설탕 분자의 크기와 수를 측정하는 과정에 대한 것이었다.

어떤 물질 1몰(그램 수에서 물질의 분자 무게와 같은 분량) 속에 들어 있는 분자의 수를 '아보가드로의 수'라고 한다. 1811년에 이탈리아의 과학자 아보가드로는 일정한 온도와 압력에서 일정한 부피의 기체는 같은 조건에서 같은 부피를 가진 다른 모든 기체와 같은 수의 분자를 가지고 있다고 주장했다. 이 주장으로부터 유래한 아보가드르의 수 N은 6.0220×10^{23}개로 물질 1몰에 포함된 분자의 수를 뜻한다.

아인슈타인이 처음으로 이 수를 계산해 얻은 아보가드로

아보가드로 1776~1856
이탈리아 태생의 화학자이자 물리학자. 1811년 아보가드로 법칙을 발표하여 모든 기체는 같은 온도와 같은 압력 아래 같은 부피 속에서 같은 수의 분자를 가지고 있음을 밝혔다.

의 수는 2.1×10^{23}이었다. 아마도 계산 과정에서 약간의 오류가 있었던 듯하다. 어쨌든 그는 이 계산이 포함된 박사학위 논문으로 심사를 받았다. 취리히대학교의 수석 교수였던 알프레드 클라이너는 아인슈타인의 아보가드로 수 계산에 오류가 있다는 사실을 알아채지 못하고, 논문은 통과시켰다.

지나치게 창의적인 아인슈타인 교수

　클라이너는 아인슈타인이 평범한 학생이 아니라는 것을 즉시 알아차렸다. 그는 아인슈타인을 취리히대학교로 데려오려고 했다. 당시 아인슈타인은 특허국에서 2급 기사로 승진하여 연봉 4,500스위스프랑을 받고 있었다.
　아인슈타인은 특허국에서 근무하면서 여가 시간 틈틈이 고체에 관한 현대 양자이론을 논문으로 발표했다. 이 논문에서 아인슈타인은 고체가 열을 흡수하는 과정을 주제로 삼았다. 그는 고체의 전자가 일정한 단위로 에너지를 흡수하고 방출하는 '원천'이라고 주장했다. 특히 이 경우, 전자는 에너지의 복사보다는 흡수를 주로 하는 진동자라고 상상했다. 이 이론은 실험으로도 증명되었고, 많은 물리학자들이 양자이론에 관심을 가지게 하는 계기가 됐다.
　아인슈타인을 취리히대학교로 데려오기 위한 클라이너의 계획에는 다소 시간이 필요했다. 당시 유럽의 대학에는

'사강사'라고 불리는 특수한 직책이 있었다. 사강사는 대학교에서 강의를 할 수 있고, 수강생들로부터 약간의 수강료도 받았다. 하지만 대학교에서 따로 주는 월급은 없었기 때문에 사강사들의 수입은 생계를 유지할 수 없을 정도로 적었다. 그래도 정규 교수직을 얻으려면 우선 사강사로서 경력을 쌓는 것이 일반적인 과정이었다.

클라이너는 아인슈타인이 우선 베른대학교의 사강사가 되기를 바랐다. 그리고 일이 잘되면, 그를 취리히대학교로 데려오려고 했다. 하지만 고등학교 교사가 되고 싶었던 아인슈타인은 2년 정도나 더 시간을 끌다가 1908년에야 필요한 서류를 내고, 베른대학교의 사강사가 되었다. 그러나 사강사의 수입이 너무 적었기 때문에 특허국에도 계속 다녔다.

아인슈타인은 학생을 잘 가르치는 선생님은 아니었다. 그는 지나치게 창의적이어서 표준적인 과목들에 관한 강의를 준비하기가 힘들었다. 그가 강의할 내용 중에 많은 부분이 그의 이론으로 틀렸음이 증명된 것들이었다. 그중에는 이제 더 이상 가치가 없는 이론도 있었다.

어느 날 클라이너는 아인슈타인의 강의를 들어 보더니 그가 너무 앞서가고 있다고 말했다. 그러자 아인슈타인은 취리히대학교의 교수가 되지 않아도 좋으니 그런 간섭은 하지 말아 달라고 했다.

하지만 클라이너는 분별력이 있어 아인슈타인이 얼마나 위대한 물리학자인지 간파했다. 그는 아인슈타인을 4,500

스위스프랑의 연봉을 받는 취리히대학교의 조교수로 적극 추천했다. 1909년에 아인슈타인은 평생의 직업이 될 대학 교수의 길로 들어서게 되었다.

아인슈타인의 가장 행복한 생각

아인슈타인은 특허국에서 근무했던 시절이 자신의 인생에서 가장 행복하고 자유로웠다고 회상했다. 실제로 아인슈타인은 그 시절에 "내 일생에서 가장 행복한 생각"이라고 불렀던 물리학적인 발견을 했다.

'가장 행복한 생각'의 시작은 페인트공이 발을 헛디뎌 지붕에서 떨어지는 장면을 상상한 데서 비롯된다. 그가 페인트와 붓을 가지고 떨어졌다고 상상해 보자. 공기의 저항도 무시하고, 곧 땅에 부딪힐 것이라는 걱정도 하지 말자. 그러면 지붕에서 그 사람과 함께 떨어진 페인트와 붓이 그와 수평을 유지하며 떨어지는 것을 보게 될 것이다.

이것은 공기 저항을 무시했을 때 위에서 떨어지는 모든 물체들이 중력의 영향을 받아 같은 가속도로 떨어지기 때문이다. 갈릴레이도 이것을 증명하기 위해 피사의 사탑에서 물체의 낙하 실험을 했다고 주장했다. 하지만 그것은 갈릴레이의 사고 실험 중의 하나였을 가능성이 더 많다.

아인슈타인은 여기에서 공기의 저항을 무시하면 물체들이 같은 가속도로 땅에 떨어진다는 사실로부터 물체에 일정한 힘을 가했을 때의 질량(관성 질량)과 땅 위로 떨어질 때의 질량(중력 질량)이 같다고 생각했다. 아인슈타인은 이것을 '등가의 원리'라 불렀다.

아인슈타인은 '등가의 원리'를 이용하여 운동 상태와 중력의 관계를 밝혀냈다. 그는 페인트공의 발에 저울을 매달았다고 상상해 보았다. 페인트공이 지붕에서 떨어지기 전에 저울은 64킬로그램을 가리켰다. 그러나 페인트공과 저울이 함께 떨어지기 시작하면 저울의 바늘은 0을 가리킬 것이다. 페인트공은 무게가 없는 사람이 된 것이다.

어느 날 특허국 사무실에 앉아 있던 아인슈타인에게 "만약 한 사람이 제약을 받지 않고 떨어진다면 그는 자신의 무게를 느끼지 않을 것"이라는 생각이 갑자기 떠올랐고, 이것이 그를 중력 이론으로 향하게 하였다.

장애아로 태어난 둘째 아들

아인슈타인은 1909년에 취리히로 가서 대학교의 조교수가 됐다. 그리고 이듬해에 둘째 아들, 에두아르트가 태어났다. '테드'라는 애칭으로 불렸던 이 아이는 불행하게도 태어날 때부터 정신적인 장애가 있었다. 테드가 여섯 살 때인 1917년에 아인슈타인이 베소에게 쓴 편지에는 아이에 대한 걱정이 담겨 있다.

"내 막내아들의 상태 때문에 걱정이 많아. 아이가 자라도 그가 다른 사람들처럼 좋아질 수 있을 것 같지가 않네. 어쩌면 인생을 알기 전에 세상을 떠나는 것이, 아이에게 더 나은 일인지도 모르겠네."

아버지가 아들에 대해서 이런 내용의 편지를 쓸 정도라면 테드의 장애는 아주 심각했던 것 같다. 테드는 요양 기관을 들락거리며 일생을 보내다가 결국 1965년에 스위스의 한 요양 기관에서 죽었다.

독일대학교를 거쳐 ETH로 돌아온 아인슈타인

취리히대학교에서 1년을 근무한 뒤, 아인슈타인은 프라하에 있는 독일대학교(정식 명칭은 '독일 카를 페르디난트 대학교')의 정교수로 채용됐다. 이 대학교는 젊은 시절 아인슈타인이 존경했던 마흐가 오랫동안 근무한 학교였다.

아인슈타인이 채용된 자리는 오스트리아-헝가리의 황제인 프란츠 요제프로부터 승인을 받아야 할 만큼 중요한 직책이었다. 신임 교수는 취임 선서식에서 해군 장성의 제복처럼 보이는 특수한 옷을 입어야 했다. 필리프 프랑크가 아인슈타인의 후임이 되었을 때 이 옷을 물려받았는데, 아인슈타인의 체격이 커서 옷이 조금 헐렁했다고 한다.

독일대학교에서 1년을 보낸 뒤, 아인슈타인은 모교인 ETH로부터 교수로 와 달라는 제안을 받았다. 그는 결국 ETH로 가기로 결심했다. 그가 또다시 직장을 옮긴 가장 큰 이유는 밀레바와의 결혼 생활이 순탄치 못했기 때문이다. 그는 환경이 변하면 결혼 생활의 분위기도 조금 바뀔 것이라고 생각했다.

아인슈타인과 밀레바를 함께 만났던 프랑크 교수는 밀레바에게서 차갑고 무뚝뚝한 느낌을 받았다고 회상했다. 그러나 그녀를 아는 몇몇 사람들은 이런 사실을 강하게 부인한다. 특히 나중에 캘리포니아대학교 버클리 캠퍼스의 교수가 된 장남 한스 알베르트는 어머니를 애정이 깊은 사람으로 기억했다.

밀레바에게 아인슈타인과 부부로 산다는 것은 그다지 쉬운 일이 아니었다. 일단 물리학에서 자신의 길을 발견한 아인슈타인은 그 누구에게도, 그 어떤 것에도 속하지 않은 자유로운 사람이었기 때문이다. 그는 자신이 살고 있는 나라에 대해서도 특별한 애국심이 없었다. 그리고 물리에 대한 생각만 했기 때문에 주변 사람들은 그에게 접근하기조차 힘들었다. 그는 일생 동안 물리에 대한 생각만 하며 보냈고, 그것은 부인이었던 밀레바도 함께 할 수 없는 홀로 떠난 여행이었다.

밀레바와의 결별

아인슈타인은 1914년 봄까지 취리히의 ETH에서 근무했다. 1919년에 상대성이론이 입증되었을 때만큼은 아니었지만, 그래도 이미 그는 가장 위대한 물리학자 중 한 사람이라

1912년 모교 ETH의 교수가 된 아인슈타인

는 명성을 얻었다. 그래서인지 그가 ETH로 옮기자마자 이론물리학을 연구하기에 가장 훌륭한 곳인 베를린대학교로 와 달라는 제안을 받았다.

베를린대학교는 가장 유명한 과학자들이 모인 곳이었다. 그곳에는 과거와 미래의 많은 노벨상 수상자들이 교수로 있었다. 1913년 봄에 아인슈타인을 찾아와 베를린대학교로 옮기라고 제안한 사람은 이론물리학의 선배 교수인 막스 플랑크였다. 그의 제안은 너무 훌륭해서 아인슈타인은 도저히 거절할 수 없었다.

베를린대학교로 간다면 아인슈타인이 더 이상 강의를 하지 않아도 좋았다. 그때까지 그는 충분히 많은 학생들을 가르쳤다. 이제는 새로운 중력 이론을 창안하는 기념비적인 연구에 몰두해야 할 때였기 때문에 마음의 흐트러짐 없이 집중하고 싶었다. 플랑크는 아인슈타인에게 프로이센 과학 아카데미의 회원 자격과 이론물리학 연구를 위해 설립될 연구소의 소장 자리를 보장했다.

아인슈타인은 플랑크의 제안을 받아들여 가족과 함께 베를린으로 갔다. 하지만 얼마 지나지 않아 아인슈타인 부부는 갈라서게 되었고, 밀레바는 두 아들을 데리고 스위스로 돌아가 버렸다. 결국 부부는 1919년에 공식적으로 이혼했다. 그런데 이혼 조건 중 하나가 아인슈타인이 미래에 받게 될 노벨상의 상금을 아내 밀레바에게 주는 것이었다고 한다.

평화를 사랑한 아인슈타인

이혼한 뒤 아인슈타인은 독신자 아파트로 이사했다. 그즈음 그는 아버지의 사촌인 루돌프의 가족들과 친하게 지냈다. 이전에 그들은 아인슈타인을 무책임한 얼간이 과학자라고 생각했다. 하지만 아인슈타인이 세상에서 가장 유명한 과학대학교의 교수가 되어 돌아오자 자신들의 생각이 잘못되었음을 알았다.

루돌프에게는 아인슈타인과 나이가 비슷한 딸, 엘사가 있었다. 아인슈타인과 그녀는 어릴 때부터 알고 지내던 사이였다. 엘사 역시 두 딸을 낳고 이혼한 경험이 있어서 두 사람은 통하는 점이 많았다. 아인슈타인과 엘사는 점점 더 많은 시간을 함께 보내며 가까워졌다.

1914년 8월에 제1차 세계대전이 발발했다. 그 후 몇 년 동안은 아인슈타인에게 지극히 힘든 시간이었다. 그는 전쟁을 싫어했고, 무엇보다도 독일인 동료들의 무자비한 애국심을 싫어했다. 전쟁이 일어나자 독일인 동료들은 '문명 사회에 보내는 신언'을 발표했다. 그들은 거기에서 앞서가는 독일의 문화를 받아들이는 사람은 누구나 독일의 군국주의적 이상을 받아들여야 한다고 선언했다. 플랑크를 포함해서 유명한 독일 과학자, 미술가, 음악가, 작가 93명이 그 선언문에 서명했다. 하지만 아인슈타인은 서명을 거절했다. 오히려 그는 전쟁을 중단시키려고 노력하는 다른 나라의 반군국주의자들과 뜻을 같이했다.

취리히 공과대학교의 동료들에게 둘러싸인 아인슈타인

작가 로맹 롤랑과의 만남

1915년 아인슈타인은 스위스로 망명한 프랑스 작가 로맹 롤랑을 방문했다. 롤랑 역시 아인슈타인과 마찬가지로 독일의 군국주의에 반대했다. 롤랑은 일기에서 아인슈타인의 방문에 관해 이렇게 쓰고 있다.

"아인슈타인은 아직 젊어 보였다. 키는 그리 크지 않고, 얼굴은 넓적하고 길다. 숱이 많고 곱슬거리는 까만 머리는 몇 가닥의 회색 머리와 함께 눈썹 위로 솟아 있다. 그의 코는 살집이 좋고 오똑하며, 입은 작지만 입술은 두툼하다. 뺨에는 살이 올라 있고, 턱은 둥그스름했다. 또 콧수염 끝은 약간 다듬어져 있었다. 아인슈타인은 독일어를 섞어 가면서 서툰 불어로 이야기했다. 그는 매우 활발했고 잘 웃었다. 또 매우 복잡한 사상을 놀라운 풍자를 섞어 가며 이야기하는 데 익숙했다."

롤랑은 계속해서 이렇게 기록해 두었다.

"아인슈타인은 현재 그가 살고 있는 두 번째 조국인 독일에 대해서 아주 솔직히 이야기했다. (롤랑이 잘못 알고 있는 것 같다. 아인슈타인은 독일에서 태어났으므로 우선은 독일 시민이었다. 그러나 그가 선택하여 스위스 시민이 된 것이다. 그런데 1913년 프로이센 과학 아카데미의 회원이 되면서 자동적으로 다시 독일 시민이 되었다. 1940년에 아인슈타인은 미국 시민이 되었으나 스위스 시민권은 여전히 가지고 있었다.) 다른 독일인들은 아무도 아인슈타인처럼 자유롭게 행동하고 말하지 않는다. 다른 사람들은 그

끔찍한 전쟁 동안 고독감으로 고통받았을 것이다. 하지만 그는 아니었다. 그는 웃으며 자신에게 가장 중요한 과학을 연구하고 있다."

엘사의 따뜻한 간호로 되찾은 건강

롤랑이 보았듯이 아인슈타인은 낙천적인 사람이었다. 하지만 몇 년 동안 계속된 전쟁은 그의 건강을 악화시켰다. 우선, 그는 스위스에 있는 가족들에 대한 걱정으로 스트레스를 받았다. 또 독일 음식이 입에 맞지 않았고, 뉴턴의 중력 이론을 대체할 새로운 이론을 만드느라 과로했다.

결국 아인슈타인은 위궤양 때문에 오랫동안 몸져 누웠다. 아마 그때 루돌프의 가족, 특히 엘사가 없었다면 그의 건강은 더욱 나빠졌을 것이다. 엘사는 아인슈타인을 돌보았으며, 무엇보다 그의 입에 맞는 음식을 열심히 만들어 주었다.

1917년 여름에 아인슈타인은 엘사의 이웃으로 이사갔다. 그리고 그들은 1년 뒤에 결혼하기로 약속했다. 이때부터 아인슈타인은 밀레바와 공식적인 이혼 수속을 밟으려 했지만, 밀레바의 생각은 달랐다. 비록 아인슈타인과 사이가 나빠지기는 했지만 이혼하고 싶지 않았다. 하지만 1919년에 어쩔 수 없이 이혼하게 되자, 밀레바는 이 사실을 평생 동안 아픔으로 간직하였다.

아인슈타인의 첫 번째 부인 밀레바와 두 아들
밀레바는 이혼한 뒤에도 두 아들의 보호자로 남았다.

한참 뒤에 아인슈타인도 자서전에서 "이혼은 내가 집착하였던 사랑스런 두 아들과의 관계를 어둡게 했다. 이때부터 시작된 내 인생의 비극은 늙을 때까지 계속됐다"라고 썼다.

문제점이 발견된 등가의 원리

아인슈타인은 여러 가지 개인적인 불행을 겪으면서도 새로운 물리 이론을 만들어 냈다. 1911년에 등가의 원리에 관한 논문을 발표할 때부터, 그는 그것이 중력에 관한 최종적인 이론이 될 수 없다는 것을 알았다. 등가의 원리는 공중에 떠 있는 상태에서 불변하는 중력을 전제로 한 것이다. 그것을 '균일한' 중력장이라고 불렀다. 그러나 실제 중력장은 균일하지 않다.

지구 표면에서의 중력은 지구의 내부와 표면의 질량 분포와 지구의 표면으로부터의 높이에 따라 달라진다. 1911년에 아인슈타인은 이 사실을 알게 됐다.

등가의 원리는 균일한 중력장에 위치한 정지 상태의 관측자와 균일하게 가속되지만 중력이 없는 상태의 관측자 사이의 변환을 다루고 있다.

아인슈타인이 해결해야 했던 것은, 이런 모든 상황에 맞는 공간-시간 변수의 변

중력장
중력이 작용하고 있는 지구 주위의 공간을 말한다. 지구에 한하지 않고, 만유인력의 힘이 작용하는 모든 공간을 의미할 수도 있다.

화를 고려한 이론이었다. 처음에 그는 이 이론을 구성하는 데 반드시 필요한 수학적 지식이 없었다. ETH에서 여기에 필요한 수학을 공부했지만 특별한 주의를 기울이지 않았기 때문에 곧 잊어버렸던 것이다.

아인슈타인에게 도움을 준 수학자들

아인슈타인은 ETH에 다니던 시절의 동료 마르셀 그로스만을 기억해 냈다. 그로스만은 아인슈타인의 인생에서 많은 순간에 중요한 역할을 했다. 학창 시절, 그의 정확한 강의 노트는 아인슈타인이 ETH의 시험을 통과하는 데 도움이 되었다. 또 ETH를 졸업한 뒤에는 그로스만의 아버지가 아인슈타인을 특허국에 추천하여 일자리를 마련해 주었다. 나중에 ETH의 수학과와 물리학과의 학장이 된 그로스만은 아인슈타인을 설득하여 그곳에 와서 강의하도록 하기도 했다.

아인슈타인은 '등가의 원리'에 필요한 모든 조건을 아우를 수 있는 변환 이론을 만들기 위해 그로스만에게 수학적 도움을 구했다. 그런데 그로스만은 아인슈타인에게 필요한 분야의 딱 맞는 전문가가 아니었다.

그로스만은 아인슈타인에게 필요한 비유클리드 기하학의 전문가인 독일의 수학자 베른하르트 리만을 찾아냈다. 40세에 결핵으로 사망한 리만은 수학의 천재였다. 그는 이

> **비유클리드 기하학**
> 유클리드 기하학의 공리인 '하나의 직선에 평행한 선은 하나밖에 없다'를 부정하고 '하나의 직선에 평행한 직선은 무수히 많다' 또는 '하나의 직선에 평행한 직선은 하나도 없다'를 공리로 하는 기하학들이다.

> **리만 1826~1866**
> 독일의 수학자로, 일반 함수론과 기하학의 기초에 관한 논문을 발표했다. 그의 기하학은 이전의 3차원 공간에서 나아가 구면상의 다차원 기하학을 다룬다.

미 20대에 '리만 공간'이라 불리는, 매우 중요한 개념을 정립하여 강의했다. 리만 공간의 핵심 개념은 인간이 어떤 두 지점 사이의 '시간과 공간이 모두 포함된 거리'를 정의할 수 있다는 것이다. 리만 공간은 세 개의 공간 차원과 한 개의 시간 차원을 가지는 4차원 공간이다.

아인슈타인은 처음에는 그로스만의 도움을 받다가 나중에는 혼자 힘으로 리만의 기하학을 자신의 중력이론에 완벽하게 적용하였다.

1916년에 출간한 논문 〈일반상대성이론의 토대〉는 일종의 수학 강의 같다. 마치 논문을 읽는 독자에게 리만의 기하학을 가르치고 있는 느낌이 들 정도다. 리만의 기하학은 대부분의 물리학자들에게는 전혀 생소했고, 어떤 수학자도 아인슈타인만큼 그것을 상세하게 설명한 적이 없었다.

이 논문을 읽지 않은 사람들은 아인슈타인이 수학을 잘 하지 못했다고 알고 있다. 실제로 아인슈타인 자신이 수학을 잘 못한다고 농담을 하기도 했다. 그러나 그는 필요할 때면 고등수학을 만들어 내거나 빌려 쓸 만큼 수학에 능숙하였다.

아인슈타인의 새로운 중력 이론

중력이 존재하지 않는 상태에서, 공간과 시간은 뚜렷이 구별된다. 그러나 중력이 존재하는 상태라면 공간과 시간을 서로 구별할 수 없게 된다. 공간과 시간의 좌표는 4개의 좌표축을 가지고 서로 얽히다가, 중력이 약해지면 겨우 구별된다. 이것은 아인슈타인이 풀기에도 매우 어려운 문제였다. 그는 4차원적 비유클리드 기하학을 기초로 이론을 만들어 가야 했다.

아인슈타인이 해야 했던 첫 번째 작업은, 공간-시간 좌표에서 중력장이 약할 때 뉴턴의 법칙을 적용시킬 수 있는지 확인하는 일이었다. 대부분의 공간-시간의 적용에서 뉴턴의 법칙은 완벽하게 들어맞았다.

뉴턴의 중력 법칙을 따르지 않는 수성 궤도

1854년에 프랑스의 천문학자 위르뱅 르베리에는 수성의 궤도가 뉴턴의 중력 법칙을 따르지 않는다는 것을 발견했다. 뉴턴의 법칙에 따르면 태양 중력장의 영향 아래선 수성의 궤도는 닫힌 타원 모양이 되어야 한다. 그러나 수성의 타원 궤도는 닫혀 있지 않았다. 만약 우주 공간에서 수성의

수성
태양계에서 태양과 가장 가까이에 있는 행성. 공전 주기는 88일이고, 자전 주기는 59일이다. 해가 진 직후나 해 뜨기 직전에 잠시 볼 수 있다.

궤도를 수천 년 동안 관찰해 볼 수 있다면 그 모양은 여러 장의 꽃잎처럼 보일 것이다.

천문학자들은 행성들을 관찰할 때 궤도상의 한 점에 주목하여 그 점이 매년 어떻게 변하는가를 알아본다. 대체로 궤도상에서 태양에 가장 가까운 점인 근일점을 주목하여 관찰한다.

르베리에는 수성 궤도의 근일점이 1세기에 38초씩 이동하는 것을 발견했다. 르베리에는 이런 현상의 원인이 무엇인지를 몰랐다. 그가 그 원인으로 보았던 것은 수성 궤도에 수성의 운동을 방해하는 아직 발견되지 않은 행성이 있을지 모른다는 것이었다. 그는 '불칸'이라고 그 행성의 이름까지 붙여 놓았다. 그렇지만 그것은 끝내 발견되지 않았다.

그런데 아인슈타인은 뉴턴 법칙의 오류를 바로잡을 새로운 중력 이론을 가지고 있었다. 그는 그것을 수성의 근일점이 이동하는 과정을 계산하는 데 이용했다. 계산 결과는 르베리에의 천문 관측과 정확히 일치했다.

태양 옆을 지나면서 휘어지는 별빛

아인슈타인의 새 이론은 별빛이 태양의 중력에 의해 휘어지는 과정을 계산하는 데도 이용할 수 있었다. 아인슈타인은 일식 동안 태양 옆을 별빛이 지나가는 길의 변화가 1911년에 등가의 원리를 바탕으로 계산했던 값의 배가 된다는

1919년 첫 관측에 성공한 이후, 1922년에 아인슈타인의 이론적인 예측을
검증하기 위해 떠나는 또 다른 탐사대

일식
달이 태양을 가려 태양의 일부나 전부를 볼 수 없게 되는 현상. 태양의 일부가 가려지는 경우를 부분 일식, 전부가 가려지는 경우를 개기 일식, 태양 주위가 고리처럼 보이는 경우를 금환 일식이라 한다.

아서 에딩턴 1882~1944
영국의 천문학자로 케임브리지 천문대장을 지냈다. 우주론과 천체물리학을 연구했고, 별의 질량과 광도의 관계를 밝혀냈다.

사실을 밝혀냈다. 이 효과를 관찰하기 위해 필요한 것은 일식이었다.

1917년에 영국 왕실 천문학자인 F. W. 다이슨이 1919년에 일어날 일식을 맞이하여 탐사대를 출범시키자고 제안하였고, 그에 따라 두 개의 탐험대가 만들어졌다. 천문학자 앤드루 크로멜린이 이끄는 탐사대는 브라질의 소브랄로 갔고, 아서 에딩턴이 이끄는 탐사대는 프린시페섬으로 갔다.

에딩턴은 전쟁 동안 양심적인 반전 운동을 펼쳤던 사람으로 20세기의 가장 위대한 천체물리학자 중 하나다. 위대한 저술가이기도 한 그가 프린시페섬에서 관찰한 일지는 너무 생생해서 또 다른 탐사대가 있었다는 사실을 잊어버리게 할 정도다. 다음은 에딩턴의 《공간, 시간 그리고 중력》에서 옮겨 온 것이다.

일식이 있던 날은 날씨가 좋지 않았다. 우리가 찍은 열여섯 장의 사진 중 단 한 장만이 꽤 선명한 별 다섯 개를 담아냈다. 다행히 이 사진은 분석하기에 적당했다.

일식이 일어난 지 며칠 뒤, 마이크로미터 측정기계로 이 사진에 찍힌 별의 위치가 측정됐다. 문제는 태양이 비켜났을 때 촬영된 사진과 별의 표준 위치를 비교하여, 태양의 중력장이 별에 어떤 영향을 미치는지 알아내는 것이었다. 비교를 위한 표준 사진은 같은 망원경으로 2월에 영국에서 촬영해 놓았다. 일식 사진과 표준 사진의 두 영상이 서로 겹치도록 필름을 겹쳐 놓자 미세한 거리의 차이를 측정할 수 있었다. 이로써 별들의 상대적 위치 변화를 확인할 수 있었다. 이것은 아인슈타인의 이론과 잘 맞아 떨어지는 것이었다.

아인슈타인이 예측한 거리 차이는 1.74초였고, 에딩턴이 관측한 결과는 1.61초였다. 약간의 오차는 있었지만 이 두 값은 거의 일치한다. 앤드루 크로멜린이 이끄는 탐사대도 1.98초의 거리 차이를 발견했다.

뉴턴의 성을 무너뜨린 아인슈타인의 새 이론

1919년에 영국 탐사대가 관측한 결과는 그해 11월 6일에 런던에서 열린 왕립학회와 왕립천문학회의 즉석 합동 회의에 보고되었다. 그 새로운 보고는 왕립학회의 중요 회원이었던 뉴턴의 이론을 무너뜨렸기 때문에 회의장의 분위기는 흥분뇌었다. 회의에 참석했던 철학자이자 수학자인 엘프리드 노스 화이트헤드는 당시 분위기를 이렇게 묘사했다.

"긴장된 회의장 분위기는 마치 그리스 비극과 같았다. 우리는 운명의 신의 뜻을 노래하는 코러스 배우들이었다. 무대 자체도 전통 의식을 치르는 것처럼 극적이었다. 무대 배경에는 뉴턴의 초상이 있었다. 그 초상은 지금까지 가장 위대했던 과학 이론이 수정될 운명에 처했다는 사실을 상기시켜 주었다. 사람들 사이에서 아인슈타인 개인에 대한 관심도 아주 컸다. 아인슈타인 사상의 위대한 모험은 드디어 안전하게 해안에 이른 것이었다."

세계대전이 끝나고 얼마 되지 않을 때라서 영국과 독일은 여전히 적대국 관계였다. 그러나 과학자들 사이에는 '비밀정보망'이 있었기 때문에 영국 탐사대의 성공 소식은 10월 말 아인슈타인에게 전해졌다. 네덜란드 레이덴으로 로런츠를 만나러 간 아인슈타인은 한발 앞서 소식을 전해 들은 그로부터 자신의 이론이 실험으로 검증되었음을 확인할 수 있었다.

1919년 11월 6일에 영국의 합동 회의가 끝난 후, 로런츠는 베를린으로 돌아가 있던 아인슈타인에게 다시 전보를 보내 그의 새로운 이론이 뉴턴의 이론을 무너뜨렸다는 소식을 알렸다. 아인슈타인은 그날, 위암에 걸려 병원에 입원해 있던 어머니에게 엽서를 썼다.

"오늘의 기쁜 소식을 알려 드립니다. 영국 탐사대가 태양에 의해 빛이 휘는 현상을 관찰했다고 로런츠가 전보를 보내왔습니다."

이제 아인슈타인은 새로운 물리이론을 만들어 낸 세계에서 가장 유명한 과학자가 되었고, 더 이상 보통 사람이 아니었다.

아인슈타인의 엘리베이터

아래 그림과 같이 엘리베이터를 줄에 매달았다고 상상해 보자.

이제 우리가 줄을 당겨 그 엘리베이터를 9.8m/s^{2}의 속도로 위로 끌어올 리다면, 엘리베이터 바닥은 그 안에 있는 물체를 향해서 위쪽으로 가속 운동하게 될 것이다. 그리고 엘리베이터 바닥을 위쪽으로 가속 운동시켰 기 때문에 그 안에 있는 사람은 9.8m/s^{2}의 가속도로 바닥을 향해 아래로 내려가고 있다고 느낄 것이다.

우리는 엘리베이터가 지구 표면에 놓여 있는 경우에도 똑같이 설명할 수 있다. 엘리베이터를 위로 잡아당기는 것은 아무것도 없지만, 중력은 모든 것을 아래로 끌어당긴다. 대상이 9.8m/s^{2}의 가속도로 엘리베이터 바닥으로 내려가는 것이다. 이 경우는 앞의 경우와 전혀 구별되지 않는다.

우리는 이처럼 같은 현상을 설명하는 두 가지 등가적인 방법을 알아보았

멀어질수록 붉게 빛나는 빛의 색깔

다. 여기서 등가의 원리도 역시 일종의 상대성이론이며, 가속이나 중력과 관계가 있음을 알 수 있다. 그런데 아인슈타인은 여기서 한 단계 더 나아가 등가의 원리에 '중력이 시간과 공간의 구조를 바꾼다'라는 의미가 포함되었음을 알았다.

도시에 살고 있는 사람들은 경적을 울리며 자동차가 자신을 향해 가까이 올 때, 경적의 음높이가 더 높아지는 것을 느꼈을 것이다. 반대로 그 자동차가 멀어져 갈 때, 그 경적의 음높이가 낮아지는 것을 느낄 수 있다. 이것을 음파의 '도플러 효과'라고 한다.

광파도 역시 '도플러 효과'를 보인다. 이것을 가장 잘 나타내 주는 것은 우주의 팽창이다. 먼 은하들에서 우리를 향해 오는 빛의 파장은 붉은색 쪽으로 이동한다. 즉 파장이 길어지고 있고, 이 사실에서 은하들이 우리에게서 멀어져 가고 있음을 알 수 있다. 가까이에 있는 몇몇 은하만이 푸른색 쪽으로 이동한다. 만약 은하계가 모두 '청색편이'를 한다면, 그것은 우주가 붕괴되어 가고 있다는 증거가 될 것이다.

이제 다시 지구로 돌아와서, 아인슈타인의 엘리베이터에 바닥을 향해서 광양자를 방출하는 원자를 매달아 놓았다고 가정해 보자. 각 광양자는

시간마저도 바꿔버리는 중력의 힘

파장 λ(람다)를 가진다. 만약 엘리베이터가 텅 빈 우주에 있고 가속되지 않는다면, 엘리베이터 바닥에 기구를 설치하여 광양자의 파장을 측정할 때 우리는 그 λ를 알 수 있다.

한편 엘리베이터가 $9.8m/s^2$의 가속도로 위로 이동하는 경우를 생각해 보자. 엘리베이터 바닥이 광원에 대해 상대적으로 속도를 얻기 때문에, 광양자는 '도플러 효과'에 의해 '청색편이'를 보일 것이다. 즉 광원이 우리를 향해 움직이는 것이다.

등가의 원리에 따르면, 이렇게 위쪽으로 가속되는 엘리베이터 대신에 지구 표면 위라는 중력장에 정지된 엘리베이터를 사용할 수도 있다. 그러면 가속된 엘리베이터에서 관측했던 것과 정확히 같은 양의 청색편이를 측정할 수 있을 것이다. 다시 말하면, 중력은 빛의 색을 바꾼다.

그런데 광파는 진동수가 규칙적이라는 점에서 일종의 시계라고 할 수 있다. 즉 중력이 시간을 바꾼다고 말할 수 있다. 중력장에 있는 시계는 무중력 상태에 있는 동일한 시계와 다르게 간다.

아인슈타인의 생각을 증명하는 실험

1960년대 초에 하버드대학교의 물리학자 로버트 파운드와 동료들은 "중력에 의해 빛이 휜다"라는 아인슈타인의 생각을 증명하는 몇 가지 실험을 했다.

과학자들은 22미터 높이의 탑에서 빛을 아래로 발사한 다음에 바닥에서 관측하였다. 그런데 탑의 바닥이 꼭대기보다 지구의 중심에 22미터 더 가까우므로, 탑의 바닥에 작용하는 중력(인력)도 그만큼 더 강하다.

이 실험에서 약 10^{15}분의 2의 청색편이가 관찰되어 아인슈타인의 생각을 입증할 수 있었다.

중력이 어떻게 공간을 변화시키는지 보기 위해 다시 아인슈타인의 엘리베이터로 돌아가 보자. 빛이 엘리베이터의 한쪽 벽으로 들어와서 다른 쪽 벽으로 나가는, 아래의 그림과 같은 상황을 상상해 보자.

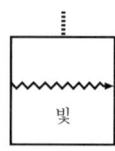

여기에서 엘리베이터가 위쪽으로 가속된다면 빛이 엘리베이터를 벗어날 때는 처음 들어왔을 때보다 더욱 바닥에 가까워질 것이다. 다음 그림은 이 새로운 상황을 보여 준다. 사실상 엘리베이터를 통과하는 광선이 바닥 쪽으로 휘는 것처럼 보인다.

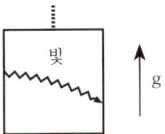

다시 등가의 원리에 의해 이를 지구 표면의 중력장에 정지해 있는 엘리베이터로 대치하여 상상해 볼 수 있다. 그림을 다시 그릴 필요조차 없이 빛은 똑같이 휠 것이다.

중력은 빛을 휘게 한다. 그러므로 중력이 존재하는 곳에서는 한 지점에서 다른 지점으로 이동하는 데 걸리는 시간이 최소인 직선 경로가 휘어진다.

세 개의 광선으로 이루어진 하나의 삼각형을 상상해 보자. 중력이 작용하지 않는 상태에서 삼각형의 세 내각의 합은 '유클리드 기하학'의 결과대로 180도일 것이다. 하지만 중력이 작용하면 세 내각의 합이 180도가 아님을 관측할 수 있다. 중력의 영향으로 빛이 휘기 때문에 이 공간은 '비유클리드적'이 될 것이다. 이때, 삼각형의 세 내각의 합은 우리가 다루는 비유클리드 기하학에 따라 180도보다 크거나 작을 것이다. 이것은 아인슈타인의 생각처럼 중력이 공간을 휘게 한다는 사실을 보여 준다.

유클리드 기하학과
비유클리드 기하학

유클리드 기하학의 특징은 무엇인가? 이 질문은 기하학이라면 유클리드 기하학밖에 배운 적이 없는 대부분의 사람들에게는 당혹스러운 것이다.

유클리드 기하학에서 모든 삼각형의 내각의 합은 180도라고 배웠다. 이것을 증명하기 위해서 아래와 같은 그림을 그릴 수 있다.

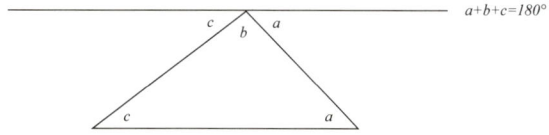

위의 삼각형에서 밑변과 평행한 선을 작도할 때 유클리드 기하학에서는 오직 하나의 선밖에 없다. 삼각형의 내각의 합은 이 평행선과 관련이 있다. 위 그림을 보면, 왜 삼각형의 내각의 합이 180도인지 알 수 있다. 하지만 우리는 어떻게 밑변과 수평인 선이 오직 하나밖에 없다는 것을 아는가?

유클리드 기하학에서 이것은 증명된 것이 아니라 증명될 필요가 없는 가정된 공리로 사용된다. 하지만 유클리드 이후 많은 수학자들은, 이 공리

기원전 4세기에 그리스 수학자 유클리드가 만든 기하학은 19세기에 새로운 기하학들이 등장하기 전까지는 독보적인 위치에 있었다.

가 증명되어야 한다고 생각했다. 19세기 초반 독일의 위대한 수학자인 카를 프리드리히 가우스는 유클리드의 평행선에 대한 공리를 포기하고, 또 하나의 기하학을 성공적으로 구성해 냈다. 가우스가 만들어 낸 기하학에서는 하나의 선분에 무한한 수의 선분이 평행한다. 더욱이 삼각형의 내각의 합은 180도보다 작다.

19세기 중반에 독일의 수학자 베른하르트 리만은 어떠한 평행선도 없는 기하학을 제시했다. 그러한 기하학의 모델은 구의 표면에 있는 거대한 원에서 만들어진다(반면 가우스의 기하학은 말안장의 표면과 같은 형태에서 발견할 수 있다). 리만은 이런 기하학들을 모두 하나의 개념적 도식으로 통일시켰다. 그리고 아인슈타인은 자신의 '가장 행복한 생각'을 정리하기 위해 유클리드 기하학을 포기하고 새로운 기하학을 재발견하여 응용하였다.

5

아인슈타인의 우주론

1929년 베를린의 집에서 아인슈타인과
그의 두 번째 부인 엘사와 의붓딸 마고

1920년 베를린에 있는 아인슈타인의 아파트에 죽음의 기색이 완연한 어머니가 찾아왔다. 어머니는 아들 곁에서 여생을 보내다가 이듬해 3월에 사망했다.

이때 아인슈타인은 고급 아파트에서 아내 엘사와 그녀의 두 딸과 함께 중상류층의 안락한 삶을 누리고 있었다. 그는 대단히 인기 있는 대학 교수가 되어 전 유럽을 순회하며 강의했다.

새로운 결혼 생활

엘사는 가정적인 아내였다. 하지만 아인슈타인은 결혼 생활에 무언가 불만이 있었던 것 같다. 그렇지 않았다면 베소의 자식들에게 이런 편지를 썼을 리가 없다.

"베소가 한 여자와 변함없는 사랑으로 그렇게 오랫동안 부부로서 살 수 있었다는 걸 존경한다. 슬프게도 나는 두 번이나 실패했는데……."

아인슈타인은 엘사와 결혼하면서 소탈한 생활 태도를 버렸다. 그녀와 결혼한 이후에 찍은 사진들을 보면 아인슈타인은 아주 세련되게 차려입고 있다. 우리가 알고 있는 헐렁한 바지와 스웨터를 입은 아인슈타인의 소탈한 모습은, 1936년에 엘사가 죽고 난 이후의 사진에서나 볼 수 있다.

1931년에 로스엔젤레스에서 찍은 사진의 아인슈타인은 결혼식 날도 아닌데 턱시도를 입었고, 엘사는 이브닝 드레스를 입고 있다. 그들 옆에는 역시 턱시도를 차려 입은 찰리 채플린이 서 있다. 아마 아인슈타인 부부가 채플린의 영화 〈시티 라이트〉를 보러 가서 찍은 것 같다.

엘사는 아인슈타인의 생각이 늘 물리학 어딘가를 맴돌고 있어서, 자신은 거기에 접근할 수 없었음을 암시하는 글을 남겼다. 아마도 아인슈타인 부부는 친밀한 관계로 지내는 데 어려움이 많았던 것 같다. 그리고 그런 점에서 아인슈타인 역시 그들의 결혼 생활이 실패라고 느꼈을 것이다.

아인슈타인의 우주론

1916년에 아인슈타인은 일반상대성과 중력에 관한 논문을 발표한 이후 일반상대성의 몇 가지 결과를 연구하느라 분주했다. 그 과정에서 그는 현대의 우주이론의 기초가 된 논문인 〈일반상대성이론에 대한 우주론적 고찰〉을 발표하여 세상의 관심을 끌었다.

과학자는 전체로서의 우주의 진화를 통제하는 것은 중력의 힘이라고 본다. 중력은 그램이나 킬로그램 같은 단위로 측정되는 약한 힘이다. 하지만 지구의 질량이 매우 큰 데다가 지구를 구성하는 모든 질량들의 효과가 더해지기 때문에, 지구에서 작용하는 중력은 작은 입자에까지 영

중력
지구 위의 물체들이 지구로부터 받는 힘을 말한다. 만유인력과 지구의 자전 때문에 생기는 원심력이 합해진 것이다. 적도 부근의 중력이 가장 작다.

1922년 파리에서 상대성이론을 강의하는 아인슈타인

향을 끼친다. 또 우주의 모든 질량에 대한 집합적 중력은 우주가 진화하는 방식에 영향을 끼칠 수도 있다.

1917년 우주론을 연구할 당시에 아인슈타인은 우리가 지금 아는 것과는 매우 다른 우주를 상상하고 있었다. 당시에도 미국 천문학자 에드윈 허블과 다른 학자들의 연구가 있기는 했지만, 우리 은하가 우주의 일부라는 걸 안 것은 그로부터 10년이나 뒤의 일이다.

에드윈 허블 1889~1953
미국의 천문학자로 윌슨산 천문대에서 세계 최대의 2.5미터 망원경으로 별을 연구했다. 외부 은하 스펙트럼을 관측하여 우주 팽창에 관한 '허블 법칙'을 제안했다.

아인슈타인은 유한한 우리 은하가 정적인 것이라고 믿었는데, 이것은 정말 철학적 편견이었다. 그는 우리가 지금 보고 있는 우주가 사람들이 항상 보아 왔던 것이고 미래에도 그대로일 것이라고 믿었다.

이 관점을 받아들였을 때, 아인슈타인은 우주 안에서 어떻게 물질이 뭉쳐지거나 붕괴하는 것을 막을 수 있는가 하는 의문을 품게 되었다. 아인슈타인은 뉴턴처럼 우주의 공간을 한정된 것으로 만들기보다는 자신의 일반상대성이론을 수정했다. 1917년에 쓴 논문의 주제는 바로 그 내용을 담은 것이다. 그것은 상대성이론의 체계를 깨뜨리시 않고 원래의 방정식에, 아인슈타인이 '우주론적 항'이라고 불렀던 하나의 항을 추가하는 것이었다.

하나의 항이 추가되면서 그 방정식은 다소 균형이 맞지 않는 것처럼 보였지만, 이론상으로는 문제가 없었다.

아인슈타인의 우주론에 대한 프리드만의 반박

아인슈타인의 상대성이론에 대한 첫 번째 반박은 러시아 사람인 알렉산드르 프리드만에게서 시작되었다. 프리드만은 1888년에 상트페테르부르크의 음악가 집안에서 태어났다. 그는 대학교에서 수학을 전공했고, 졸업 후엔 이론기상학을 취미 삼아 공부했다. 전쟁이 나자 러시아 공군에 자원입대하여 군용기 제작 임무를 맡았다. 전쟁이 끝나자 상트페테르부르크에 있는 한 대학교에서 물리학과 수학을 가르치러 돌아왔다가 세계적으로 불어닥친 상대성 '열풍'에 휘말렸다. 그런데 그는 아인슈타인의 논문을 이해하는 데서만 그치지 않고, 그것의 문제점을 개선하려고 했다.

프리드만은 아인슈타인처럼 우주가 정적이라는 편견을 가지고 있지 않았기 때문에, 우주가 팽창하거나 수축할 수 있다고 생각했다. 그리고 우주가 팽창하는지 수축하는지는 중력이 작용하는 질량의 값에 의존한다고 보았다. 프리드만이 1922년과 1924년에 발간한 두 편의 기념비적인 논문에서 보여 준 방정식은 오늘날에도 사용되는 기본적인 등식이다. 이 논문들은 독일의 물리학 학술지에 실렸고 아인슈타인도 그 논문에 흥미를 가졌다.

아인슈타인은 같은 학술지에 프리드만의 첫 번째 논문이 틀렸다고 주장하는 글을 실었다. 하지만 이번에는 물리학의 대가인 아인슈타인이 틀렸다. 프리드만의 논문을 비판하기 위해 아인슈타인이 쓴 글에는 수학적 오류로 인한 결함이 있었다.

왜 그런 일이 일어났을까? 아인슈타인의 철학적 편견 때문일까? 아니면 이제는 아인슈타인도 나이를 먹어 물리학적 진리를 감지하는 날카로운 직관력을 잃어버리기 시작한 것일까? 아마도 둘 다였을 것이다.

프리드만의 편지를 받고 아인슈타인은 자신이 틀렸다는 것을 깨달았다. 그리고 그는 학술지에 "프리드만 씨가 내린 결론은 옳고 명백합니다"라는 글을 실었다.

프리드만의 주장으로 우주에 대해 전적으로 새로운 시각—우주가 시간이 흐름에 따라 팽창하거나 수축하면서 발전한다—이 열리게 되었다.

물리학의 중심으로 밀려들어 오는 젊은 세대

팽창하는 우주에 대한 모형을 처음으로 제시한 사람은 네덜란드의 천문학자 빌럼 더시터르였다. 1917년에 만든 그의 우주 모형에 따르면 우주는 우주를 유지시키는 중력 물실 없이도 팽창하고 있다. 더 받아들이기 힘든 것은 우주가 빛의 속도보다도 빠르게 팽창할 수 있다는 것이다.

대부분의 우주론자들은 우리가 현재 더시터르 시기(팽창이 중력 물질에 의해 지배되지 않는 시대)에 살고 있지 않다는 데 동의할 것이다. 그래도 우주가 빅뱅을 거치고 나서 얼마 동안은 '팽창'이라 부르는 짧은 더시터르의 시기를 거쳤다는

스펙트럼
가시광선·자외선·적외선 따위의 빛이 분광기에 의해 파장의 순서에 따라 분해되고 배열되는 성분을 말한다. 하나 하나의 빛깔의 띠로 나타난다.

도플러 효과
음파와 관측자가 모두 운동하거나 한쪽만이 운동했을 때, 음파를 내는 물체와 관측자가 가까워질수록 진동수가 높아지는 현상을 말한다. 이 효과는 빛의 경우에도 적용된다.

사실만은 믿는다. 최근에 발견된 빅뱅 이후의 방사물에 남겨진 '파문'도 이 시기에 있었던 혼돈의 흔적일 것이다.

더시터르가 말하고자 한 것은 우주가 팽창하여 우리에게서 멀어진다면, 멀리 있는 별에서 오는 빛은 스펙트럼의 붉은색 쪽으로 이동할 것이라는 점이다. 더시터르가 주장한 팽창하는 우주 모형에서 적색편이는 별이나 은하계의 거리가 증가함에 따라 함께 증가한다. 즉 별이나 은하계가 더 멀어질수록 적색편이는 더 커진다. 우리는 이 적색편이를 속도에 의존하는 도플러 효과라고 이해할 수 있다.

1929년에 허블은 〈외계 은하 성운의 거리와 방사 속도의 관계〉라는 논문을 발표했다. 이 논문은 우리가 우주를 보는 방식을 완전히 바꾸어 놓았다. 1929년까지는 누구나 우주의 대부분이 우리 은하 저편에 있다고 생각했다. 아마 허블도 의심하지 않았을 것이다. 허블은 더시터르의 예측을 검토하는 과정에서 '더시터르 효과'라고 불렸던 것을 발견했다. 그것은 다른 은하에서 오는 빛의 적색편이가 그 은하와 우리 사이의 거리에 따라 증가한다는 사실이다. 이것을 지금은 '허블 법칙'이라고 부르지만 아마도 '허블-더시터르의 법칙'이라고 부르는 것이 옳을 것이다.

허블의 연구가 발표되자 아인슈타인은 상대성이론에서

캘리포니아 마운트 윌슨 천문대에서 121센티미터 망원경으로 천체를 관측하는 허블
허블이 우주가 팽창한다는 것을 발견했기 때문에 아인슈타인은 자신의 중력 이론에 가했던 수정을 포기했다.

우주상수가 필요 없다고 판단하고 이를 폐기했다. 이때까지도 아인슈타인은 여전히 물리학의 거봉이었지만, 그중심은 점점 새롭고 젊은 물리학자들 쪽으로 이동하고 있었다. 물리학은 새로운 양자론의 시대를 향해 가고 있었다.

6

양자이론의 혁명

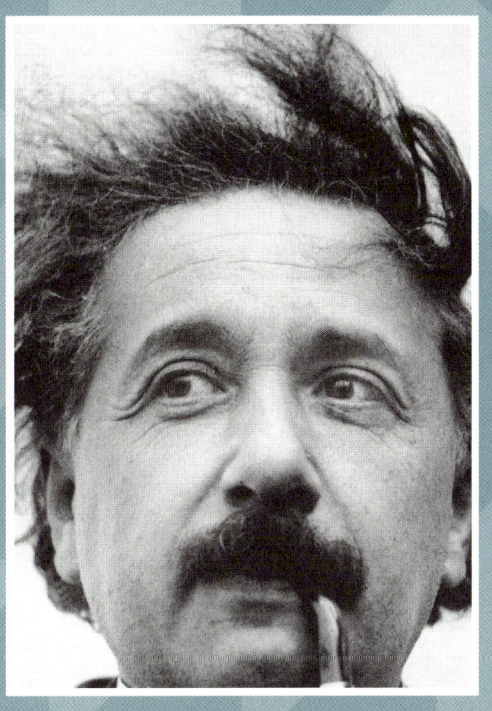

1921년의 아인슈타인

1913년에 막스 플랑크를 포함한 독일의 저명한 과학자들은 자신들이 회원이었던 프로이센 과학 아카데미에 아인슈타인을 추천했다. 이때 아인슈타인은 겨우 서른네 살이었지만, 그의 명성은 아카데미 회원으로 추천받기에 손색이 없었다.

상대성이론과 더불어 양자역학에까지 도전한 아인슈타인

플랑크가 쓴 추천서의 마지막 문단에는 아인슈타인에 대하여 이렇게 씌어 있다.

"현대 물리학의 중요한 문제 중에서 아인슈타인이 기여하지 않은 것은 거의 없다. 그가 종종 목표(예를 들면, 광양자에 관한 그의 가설)에서 빗나가는 것은 잘못이 아니다. 왜냐하면 위험을 감수하지 않고서 새로운 아이디어를 도입하는 것은 불가능하기 때문이다."

플랑크는 광양자에 대한 아인슈타인의 생각이 '목표에서 벗어났지만' 잘못은 아니라고 말하고 있다. 플랑크는 자신이 양자의 개념을 고안했으면서도 그때까지도 그것의 중요성을 파악하지 못하고 있었다.

아인슈타인은 1906년과 1916년 사이에 양자물리학에 관한 몇 편의 논문을 발표했다. 특히 1916년에 발표한 그의 논문은 반세기 이후에 레이저 발달의 기초가 되었다. 우리는 아인슈타인이 일반상대성

레이저
물질을 구성하는 원자 또는 분자 자체의 격렬한 상태를 이용하여 전자기파를 증폭하는 장치. 고체 레이저, 기체 레이저, 반도체 레이저 등이 있으며, 통신이나 의료 등에서 다방면으로 활용되고 있다.

이론을 전개하면서 동시에 양자에 대한 연구를 했다는 점에서 놀라울 정도로 뛰어난 그의 지적 능력을 확인할 수 있다.

아인슈타인과 보어의 우정

1920년 1월에 닐스 보어는 덴마크 과학 아카데미의 외국인 회원으로 아인슈타인을 추천했다. 그때까지 한 번도 만난 적이 없었던 두 사람은 그해에 두 번이나 만날 기회가 있었다. 4월에 보어는 강의를 하러 베를린을 방문했다. 그를 만난 아인슈타인은 "존재한다는 자체만으로 기쁨을 주는 보어 같은 사람을 만나기란 흔한 일이 아니다"라고 말했다.

닐스 보어 1885~1962
덴마크의 물리학자. 수소 원자의 구조를 연구하여 수소의 선스펙트럼 계열을 설명하는 데 성공했다. 미국이 원자폭탄을 제조하는 데 참여했고, 저서로는 《보어의 원자 구조론》이 있다. 1922년 노벨 물리학상을 받았다.

아인슈타인과 보어는 4개월 후에 다시 만났다. 아인슈타인은 노르웨이에서 베를린으로 돌아오는 길에 보어가 있는 코펜하겐에 들렀다. 그는 "이번 여행은 정말 아름다웠습니다. 가장 아름다운 것은 코펜하겐에서 보어와 함께 보낸 시간이었습니다"라고 로렌츠에게 편지를 썼다.

많은 물리학자들이 보어의 이론을 상세히 풀어내는 데 몰두했다. 그 과정에서 아인슈타인의 특수상대성이론을 적용하여 원자 스펙트럼의 복잡한 궤도를 설명할 수 있게 되었다.

그런데 보어 이론에는 부족한 부분도 많았다. 예를 들면

1927년에 덴마크의 물리학자 보어와 휴식을 취하는 아인슈타인
그들은 양자이론에 대한 견해가 달랐지만 평생 동안 친구로 지냈다.

보어의 이론으로는 헬륨처럼 하나 이상의 전자를 포함하고 있는 원자의 스펙트럼을 설명하지 못했다. 그리고 보어의 원자 모형은 스펙트럼 선의 위치를 설명하는 데는 적당했지만, 각 선들마다 짙고 흐린 정도가 다른 이유를 설명하지는 못했다. 현대의 '양자론'에는 보어의 이론 중 옳은 부분만 포함되어 있다.

양자이론의 발달과 드 브로이

양자론을 향한 첫 발걸음은 전혀 생각지도 못한 곳에서 시작됐다. 그것은 서른한 살의 프랑스 귀족 루이 드 브로이의 박사 학위 논문에서 비롯되었다. 드 브로이는 전통 있는 부유한 가문 출신이었다. 프랑스 해군에 복무하던 드 브로이의 형이 물리학 연구를 위해 전역하겠다고 했을 때, 그의 가족들은 아연실색했다. 그래도 그들은 그가 파리에 있는 가족의 저택 안에 개인 연구실을 만드는 것을 허락해 주었다. 드 브로이의 형은 1급 X레이 분광기사가 되어 동생이 물리학을 공부하는 데 많은 도움을 주었다.

루이 드 브로이 1892~1987
프랑스의 이론물리학자. 전자의 성질을 연구하여 입자적 성질과 파동적 성질을 조화시킨 물질파의 개념을 주장했다. 파동역학의 선구자로 1929년에 노벨 물리학상을 받았다.

드 브로이는 복사 이론에 흥미를 가지고 있었기 때문에 박사 학위 논문을 쓰기 전에 복사 이론에 관한 논문을 먼저 썼다. 1923년 가을에 그는 순전히 이론적인 근거만을 가지고(그것을 입증할 수 있는 실험적 증거가 없었기 때문에) 광양자의 에너지 $E=h\nu$와 운동량 p의 관계($p=h\nu/c$)가, 전자와 같은 입자에도 적용된다고 주장했다. 드 브로이에 의하면, 운동량 p를 가지는 입자는, 그 운동량에 의해 결정된 진동수와 그에 따른 파동을 가진다. 다시 말하면 전자는 입자의 속성뿐만 아니라 파동의 속성도 가지고 있다는 것이다. 이것은 빛이 파동의 속성뿐만 아니라 입자의 속성도 가지고 있다는 생각과도 일치한다. 그것은 고전 물리학이나 상대성이론보다 한 걸음 앞선 새로운 주장이었다.

1923년에 드 브로이는 아인슈타인의 조언을 구하기 위해 자신의 논문을 복사해서 그에게 보냈다. 아인슈타인은 드 브로이의 대담한 생각에 매료됐다.

드 브로이의 주장은 흥미로웠던 만큼 풀어야 할 문제도 많았다. 이 문제들 중 가장 중요한 것은 파동이 무엇인가 하는 것이었다. 아인슈타인은 드 브로이의 파동이 실제의 파동 그대로라고 믿었고, 이 파동들이 레이더처럼 전자를 유도한다고 생각했다.

아인슈타인을 감동시킨 슈뢰딩거

양자이론의 혁명을 시작하는 데 가장 많은 공헌을 한 사람은 베르너 하이젠베르크와 에르빈 슈뢰딩거였다. 슈뢰딩거의 연구는 하이젠베르크의 연구보다 1년이 늦은 1926년에야 끝났다. 여기에서는 드 브로이의 파동 개념을 그대로 따르는 슈뢰딩거의 연구부터 살펴보자.

나이가 거의 사십이 다 된 슈뢰딩거는 물리학에서 어떤 성과도 거두지 못하자 물리학 대신 철학을 가르치기로 결심했다. 하지만 그는 철학 교사직을 얻지 못했다. 그래서 어쩔 수 없이 다시 물리학으로 돌아온 후, "놀랍게도 우연히 무언가"를 발견했다. 지금도 '슈뢰딩거 방정식'이라 불리는 그의 방정식은 양자이론에서, 고전 역학의 뉴턴 법칙과 같은 것이다. 슈뢰딩거 방정식은 양성자 주변을 궤도 운동하는 전자의 에너지를 구할 수 있게 해 주었다. 슈뢰딩거 방정식으로 구한 값을 곡선으로 나타내면 파동이 크게 증폭되는 부분이 보어 궤도와 일치하는 것을 알 수 있다. 아인슈타인은 이 놀랄 만한 사실에 대단히 열광하여, 그에게 "진정한 천재"라는 찬사를 보냈다.

에르빈 슈뢰딩거 1887~1961
오스트리아의 이론물리학자. 물질파를 나타내는 파동함수의 변화를 파동함수의 시간적 변화에 대응되는 형식으로 '슈뢰딩거 방정식'을 만들었다. 1933년에 디랙과 함께 노벨 물리학상을 받았다.

양자이론에 대하여 비판적인 아인슈타인

슈뢰딩거 방정식의 진정한 의미를 파악한 사람은 독일의 물리학자 막스 보른이었다. 1882년에 태어난 보른은 슈뢰딩거보다 다섯 살 많았으며, 아인슈타인보다는 세 살 어렸

에르빈 슈뢰딩거
아인슈타인은 슈뢰딩거 방정식의 발견에 큰 감동을 받았다.

다. 아인슈타인, 보른, 슈뢰딩거 세 사람 중에서 양자이론을 정말로 받아들인 사람은 보른뿐이다. 보른과 보른의 부인 그리고 아인슈타인은 40년 동안 자주 편지 왕래를 했다. 보른은 아인슈타인에게 양자이론을 받아들이게 하려고 노력했고, 아인슈타인은 왜 그것을 받아들일 수 없는지를 편지에 써 보냈다.

아인슈타인은 입자가 있는 장소를 예측할 수 있을 뿐이라는 보른의 개념에 반발했다. 그는 1926년 12월에 보른에게 보낸 편지에서 "양자역학은 진지한 관심이 요구되는 이론입니다. 그러나 제 자신의 내부에서 들려오는 목소리는 이것이 사실이 아니라고 속삭입니다. 양자이론은 많은 것을 생각케 하지만, 우리를 '오래된 존재'[신에 대한 아인슈타인의 애칭]의 비밀 가까이로 데려다 주지는 못합니다. 어쨌든 나는 신이 주사위 놀이를 하지 않는다고 생각합니다"라고 썼다.

1926년 이후, 닐스 보어는 아인슈타인의 회의주의로부터 양자이론을 지켜 내는 위치에 선다. 그는 여태까지 나온 과학 이론 중에서 양자이론이 가장 심오하다는 것을 알고 있었다. 대부분의 젊은 물리학자들도 이 점에 동의했다.

보어의 제자였던 하이젠베르크는 보어의 엄격한 지도 아래에서 '불확정성 원리'를 만들었다. 이 원리는 입자의 위치

막스 보른 1882~1970
독일 태생의 영국 물리학자. 하이젠베르크와 더불어 행렬역학을 정식화하였다. 입자의 산란을 연구하면서 파동함수를 이용하여 확률적인 해석을 하였다. 1954년에 노벨 물리학상을 받았다.

불확정성 원리
물체의 위치와 운동량 혹은 에너지와 시간 등과 같이 서로 관련 있는 한 쌍의 물리량을 동시에 측정할 수 없다는 원리다. 1927년에 독일의 물리학자 하이젠베르크가 주장한 것이다.

와 운동량을 동시에 측정할 수 없다는 것이다. 양자이론의 관점에서 입자는 위치를 가지지 않기 때문이다.

보어는 '불확정성 원리' 때문에 전자 같은 물질의 입자적 성질과 파동적 성질을 동시에 드러내는 실험은 불가능하다고 주장했다. 그래서 보어는 전자가 어떤 실험에서는 입자처럼 활동하고, 또 다른 실험에서는 파동처럼 보이더라도 서로 모순되지 않는다고 확신했다. 그는 이런 이중적 속성을 보이는 전자를 '파동입자wavicle'라고 불렀다.

아인슈타인은 하이젠베르크의 '불확정성 원리'를 비판하기 위해 위치와 운동량을 동시에 측정할 수 있는 독창적인 장치를 발명했다. 그는 이 장치를 1927년에 열린 제5회 솔베이 회의에 참가한 유명한 과학자들 앞에서 발표했다. 여기에는 드 브로이, 하이젠베르크, 슈뢰딩거 같은 젊은 학자들뿐만 아니라 플랑크, 아인슈타인, 보어와 같은 양자이론의 창시자들이 모두 참석했다. 로런츠가 회의의 의장을 맡았으며, 아인슈타인이 비평을 맡았다. 비공식 토론에서 아인슈타인은 양자이론이 옳지 않다는 것을 증명하기 위해 몇 개의 가상 장치들을 소개했다. 보어는 이 장치들을 신중하게 고려해 본 뒤, 양자이론이 실제로 작동한다는 것을 증명했다.

1930년 솔베이 회의에서 아인슈타인은 에너지와 시간에 관한 하이젠베르크의 '불확정성 원리'를 반박하는 장치를 만들어 발표했다. 그 장치는 벽면에 구멍이 뚫린 상자로 뚜껑이 열릴 수 있는 것이었다. 뚜껑이 열리는 시간은 시계에 의해 측정되고, 복사 에너지가 상자 내부에 있다. 그 상자는

1930년에 열린 솔베이 회의의 파견 단원
아인슈타인은 제일 앞줄 오른쪽에서 다섯 번째에 앉아 있다.

무게를 잴 수 있게 저울 위에 놓아두었다. 시계가 시간을 기록하고 뚜껑이 열리는 순간, 양성자가 외부로 날아간다. 곧바로 뚜껑이 닫히고, 상자의 무게가 다시 측정된다. 이때 두 무게를 비교하면 양성자가 얼마나 많은 에너지를 상자 밖으로 가지고 나갔는지를 알 수 있으며, 동시에 시간도 잴 수 있다. 이 장치는 에너지와 시간 사이의 '불확정성 원리'를 반박하는 것처럼 보인다.

보어는 처음에 아인슈타인의 이런 장치를 보고, 어리둥절하기도 하고 걱정스럽기도 했다. 그는 하이젠베르크의 '불확정성 원리'를 지키기 위해 하룻밤을 뜬 눈으로 지새웠다. 그리고 다음 날 아침에야 해결책을 찾았다.

상자의 무게를 측정하는 데서 '불확정성 원리'가 적용된다는 것이다. 왜냐하면 만약 상자의 무게가 저울의 바늘이 어떤 숫자를 가리키는 것에 따라 결정된다면, 그 바늘의 위치에 불확정성이 있기 때문이다. 바늘의 위치를 정확하게 결정하려면, 저울에서 운동량을 분리해 내야 하고, 뚜껑이 열리는 순간의 운동량을 정확하게 측정하려면 시간을 알아야 한다. 그러나 그 저울은 지구의 중력장 내에서 작동하고, 시간은 중력장 내에서 그것이 있는 장소에 따라 달라지므로 시간을 아는 데서 불확정성이 있다. 이것은 하이젠베르크의 '불확정성 원리'와 정확히 일치한다.

아인슈타인은 양자이론에 대한 자신의 그릇된 직관을 너무 믿었기 때문에 스스로 이루어 놓은 뛰어난 발견의 가치를 제대로 알지 못했다.

아인슈타인 (1930)

아인슈타인의 양자이론과
레이저의 발달

아인슈타인은 두 가지 에너지 상태만을 가질 수 있는 이상적인 원자를 가정했다. 그것은 일반적으로 '바닥 상태'라고 불리는 최소 에너지 상태와 '들뜬 상태'라고 불리는 높은 에너지 상태이다.

이 원자들의 집합이 원자의 온도와는 다른 어떤 온도로 가열된 용기의 복사 상태에 있다고 가정해 보자. 아인슈타인은 원자들과 복사물이 공통의 온도에 다다를 수 있는 과정에 관해서 연구했다.

그는 세 가지 현상이 발생할 수 있다고 주장했다.

첫째, 광양자가 흡수되면서 바닥 상태의 원자가 들뜬 상태가 된다.

둘째, 들뜬 상태의 원자가 바닥 상태로 천이(遷移)하는 과정에서 광양자를 방출한다. 이것은 '동시 방출'이라고 불린다.

셋째, 똑같은 에너지를 가진 광양자의 존재에 의해 들뜬 상태의 원자가 유도되거나, 자극되거나, 바닥 상태로 되돌아갈 수 있다. 이것은 주변에 다른 광양자가 있을 때만 일어날 수 있기 때문에 '유도 방출'이라고 불린다. 원자가 이런 방식으로 바닥 상태로 돌아가도록 유도될 때, 그 원자는

무한히 쏟아져 나오는
빛의 알갱이들

부가적인 광양자들도 방출한다.

또 다른 실험을 하기에 앞서 우리는 밀폐된 상자 안에 있는 어떤 원자 집합을 들뜬 상태로 만들 수 있다고 가정해 보자. 이를 위해 원자들을 바닥 상태에서 들뜬 상태로 전환시킬 때와 똑같은 진동수의 복사 에너지를 주입해야 한다. 이것이 '광학적 에너지 공급'이라고 불리는 과정이다.

그러면 들뜬 원자는 자신과 동일한 주파수를 가진 광양자를 방출하기 시작할 것이다. 이 광양자들은 새어 나올 수 없게 밀폐된 상자 안에 있다. 그 광양자들은 유도 방출을 유발하는 것과 동일한 에너지 상태에 있으므로, 훨씬 더 심한 유도 방출을 유발할 수 있는 많은 광양자를 생산한다.

이 '폭포' 효과를 통해서, 처음에 원자들을 들뜬 상태로 만들도록 에너지를 공급했던 신호가 엄청나게 증폭된다. 이것이 메이저와 레이저의 원리이다.

메이저는 '복사 에너지의 유도 방출에 의한 극초단파 증폭기'이다. 이것은 아인슈타인의 논문이 발표되고 40년이 흐른 1950년대 초에야 처음 만들어졌다. 메이저에 있는 분자를 들뜨게 하려면 가시광선을 사용하는 것보다 극초단파를 이용하는 것이 더 쉽다.

몇 년 후, '복사 에너지의 유도 방출에 의한 광선 증폭기'가 만들어졌는데, 이것이 레이저다. 메이저와 레이저는 모두 아인슈타인이 1916년에 쓴 논문을 기초로 한 것이다.

원자이론의 발달

원자핵을 발견한 러더퍼드

1909년, 당시 맨체스터대학교의 교수였던 어니스트 러더퍼드에게 연구 주제를 찾고 있었던 어니스트 마스든이라는 학생이 찾아왔다. 러더퍼드는 그에게 α입자(우리가 오늘날 헬륨 원자의 핵이라고 알고 있는 것)를 얇은 금박에 부딪히도록 해보라고 제안했다. α입자는 라듐 같은 무거운 방사능 원소가 붕괴하면서 만들어진 것이다.

러더퍼드는 마스든에게 α입자가 금박을 직선으로 통과하지 않고 큰 각도로 굴절할 수 있으므로, 이 충돌에서 눈을 떼지 말라고 했다. 매우 놀랍게도, 러더포드의 말대로 굴절이 있었다. 러더퍼드는 나중에 이 사실을 "내 생애에서 일어난 가장 믿을 수 없는 사건이었다. 그것은 휴지 조각에 총알을 발사했을 때 그 총알이 나에게 다시 돌아오는 것만큼이나 믿을 수 없는 일이었다"라고 회상했다. 러더퍼드와 그의 제자 마스든은 원자 내부에 있는 딱딱한 무엇 즉 원자핵을 발견한 것이다.

보어 궤도와 원자 모형

1911년에 코펜하겐대학교에서 박사 학위를 받은 닐스 보어는 영국에서 공부할 수 있는 장학금을 탔다. 보어는 맨체스터에 있는 러더퍼드의 연구실로 가기로 결정했다. 러더퍼드와 보어는 성격이 매우 달랐기 때문에 서로 잘 어울릴 것 같지 않았지만 의외로 호흡이 잘 맞았다.

러더퍼드는 요란하고 외향적인 사람이어서 연구실 어디에서나 그의 목소리를 들을 수 있을 정도였다. 반면에 보어는 수줍음을 많이 탔다. 그는 러더퍼드와 함께 연구하면서 원자가 핵과 그 주변의 궤도를 따라 움직이는 전자로 구성되어 있다는 것을 확신했다. 그러나 원자에 관한 단순한 이 그림이 불완전하다는 것 또한 알고 있었다.

기체가 가열되거나 들뜨게 되었을 때, 각각의 원자들은 지문만큼이나 뚜렷이 다른 스펙트럼 선을 보여 준다. 만약 고전 물리학의 원자 모형에서처럼 전자가 단순히 핵을 향해 나선형으로 배열되어 있다면, 원자가 발사하는 빛은 아무런 의미나 질서 없이 마구 섞인 진동수로 나타났을 것이다.

보어는 관측된 스펙트럼을 설명하기 위해, 원자의 전자들이 허용된 궤도 안에서만 핵 주변을 선회할 수 있다고 가정했다. 이것들은 '보어 궤도'라고 불렸고, 그 타원 형태의 궤도는 원자를 묘사하는 데 통상적으로 쓰이는 상징이 됐다.

보어 궤도는 각각의 고유한 에너지에 의해 구별된다. 가장 낮은 에너지를 가진 보어 궤도는 바닥 상태라고 불린다. 만약 전자가 들뜬 상태로 유도되면, 그 전자는 하나의 허용된 궤도에서 다른 궤도로 뛰어 움직임으로써 바닥 상태로 되돌아갈 수 있다. 바닥 상태보다 더 낮은 에너지는 없기 때문에 바닥 상태의 전자는 더 이상 복사에 의해 에너지를 잃지 않는다. 그래서 바닥 상태는 완전히 안정된 상태라고 볼 수 있다.

많은 사람들이 보어의 원자 모형을 이해할 수 있었던 것은 가장 단순한 원자인 수소(수소는 핵 주변을 궤도 운동하는 하나의 전자와 하나의 양성자로 구성되어 있다)를 이용한 보어의 수완 때문이었다. 아인슈타인은 보어의 이론을 접하고 나서, 그의 연구가 20세기 물리학의 가장 위대한 발견이라고 공언했다.

1909년에 원자핵을 발견한 러더퍼드
1930년대에 아인슈타인과 러더퍼드 모두 핵에너지가 실용적인 목적으로 이용되어서는 안 된다고 생각했다.

7

낯선 안식처, 미국에서의 말년

아인슈타인이 세상을 떠나기 전 20년 동안 살았던
프린스턴 머서가 112번지의 검소한 집

아인슈타인은 1935년부터 1955년에 세상을 떠날 때까지 약 20년 간 뉴저지주 프린스턴의 머서가 112번지에 살았다. 이 저택은 소박하고 작았는데, 프린스턴 고등연구소에서 3.2킬로미터 정도 떨어진 곳에 있었다. 지금은 그곳이 연구소의 물리학자들이 가족과 함께 사는 곳이 되었으며, 아인슈타인이 살았던 곳임을 알리는 작은 현판조차 걸려 있지 않다.

행복했던 베를린 시절

독일에서 나치가 기승을 부리지만 않았어도 아인슈타인은 프린스턴으로 오지 않았을 것이다. 그는 베를린에서 명석하고 감사할 줄 아는 동료들과 학생들에게 둘러싸여 정말 행복했다.

그는 베를린에서 자신이 좋아했던 통계역학에 관해 세미나를 한 적이 있다. 그 세미나에 참석했던 사람들은 지금도 그때를 일생에서 가장 지적인 경험을 했던 순간으로 기억하고 있다. 1929년 여름에 아인슈타인은 베를린 근교의 카푸트 마을에 땅을 조금 사서 여름 별장을 지었다. 그 집은 하펠강 가까이에 있었다. 아인슈타인의 친구들은 그의 50세 생일날 배 한 척을 선물하였다. 아인슈타인은 하펠강에서 혼자 배를 타고 사색에 잠기기를 좋아했다.

베를린 근교 카푸트에 땅을 조금 사 별장을 한 채 지은 아인슈타인은 50세 생일을 맞아 그곳에서 여가를 즐겼다.

독일에서 자라나기 시작한 반유대주의

반유대주의
인종적, 종교적, 경제적인 이유를 들어 유대인을 배척하려는 움직임. 19세기 후반 휴스턴 스튜어트 체임벌린 등이 유대인이 인종적으로 열등하며 악의 근원이라고 주장한 이래 급속히 번져 제2차 세계대전 때 나치는 이것을 이용하여 유대인을 학살하였다.

아인슈타인은 이미 1920년에 독일에서 자라나고 있는 반유대주의의 표적이 되었다. 그는 표적이 될 만한 완벽한 조건을 갖추고 있었다. 그는 독일이 전쟁을 치를 때 반전 운동을 지지했고, 독일 시민권을 스스로 포기한 적도 있었다. 게다가 그는 상식을 거부하는 이론을 만들어 이전 세대 물리학자들을 포함한 많은 사람들을 불안하게 만들었다.

1920년 2월에 아인슈타인이 베를린대학교에서 공개 강의를 했을 때, 그곳에서 작은 폭동이 일어났다. 아인슈타인은 그 사건이 반유대주의를 암시한다고 느꼈다. 그리고 이듬해가 되자 독일에서 반유대주의 분위기는 더욱 확실하게 드러났다. 어느새 반아인슈타인 동맹이 결성되었고, 그 동맹은 8월 말에 베를린에서 가장 큰 콘서트 홀을 빌려 궐기 대회를 열었다.

아인슈타인 불신임 운동

1905년에 전자에 관한 연구로 노벨 물리학상을 수상했던 필리프 레나르트는 열성적인 나치당원이었다. 그는 아인슈타인을 불신임하는 운동을 시작했다. 우선 비유대인 독일

과학자 두 명을 찾아내 아인슈타인이 그들의 아이디어를 빌려 왔다고 주장했다. 그 두 명은 요한 졸트너와 프리드리히 하제뇌를이었다. 레나르트는 아인슈타인이 빛은 입자라는 졸트너의 생각을 자기의 발견인 것처럼 얘기했고, 복사 에너지가 질량과 관계 있다는 하제뇌를의 생각으로 $E=mc^2$ 공식을 만들었다고 주장했다. 그는 아인슈타인이 독창적이지 못하다는 증거를 대기 위해 여러 과학자들을 끌어들이기에 바빴다.

아인슈타인은 반아인슈타인 동맹이 개최한 8월 대회와 그 동맹의 핵심 인물인 레나르트에 대해 분노했다. 그래서 그답지 않게 이성을 잃고, 지방 신문에 공개적으로 반박문을 발표했다. 이 반박문을 읽고 화가 난 보른의 아내가 즉시 편지를 보내왔다.

우리는 당신이 겪고 있는 불미스러운 소동에 대해 대단히 유감스럽게 생각합니다. 당신은 그 일로 많은 고통을 받았을 것입니다. 하지만 신문에 발표한 당신의 반박문은 적절하지 않았습니다. 당신을 아는 사람들은, 당신이 이 일로 지나치게 과민한 반응을 보이는 것에 슬퍼하고 고통스러워합니다. 또 당신을 알지 못하는 사람들은 당신을 나쁘다고 생각할 것입니다.

그러면서 보른의 아내는 아인슈타인을 중상하는 무리들은 미치광이 집단이니 너무 신경 쓰지 말고, 또 독일을 떠나지 말라고 설득했다.

아인슈타인은 답장에서 "나에게 너무 가혹하게 대하지 말라"라고 하면서 이렇게 말했다. "모든 사람이 때때로, 절대자와 인류를 기쁘게 하기 위해서 어리석음의 제단 위에서 희생되어야 합니다. 그리고 나는 신문에 글을 실어 완벽하게 그 역할을 해냈습니다. …… 내가 처음 공격을 받았을 때는 떠나겠다고 생각했지만 이제는 통찰과 냉정을 되찾았습니다. 요즘은 베를린 근교 어느 한적한 강가에 집을 짓고 배 한 척을 사야겠다고 생각하고 있습니다."

아인슈타인이 카푸트 마을에서 이 편지에 쓴 대로 꿈을 실현한 것은 9년이 지나고 난 후였다. 이때 독일에서는 나치가 모든 것을 장악하고 있었고, 아인슈타인을 비난하는 낙서가 벽에 붙어 있을 정도였다.

유대인 동포에 대한 사랑

아인슈타인은 어렸을 때부터 자신이 유대인임을 기꺼이 인정했지만, 정식으로 유대교에 귀의한 적은 없었다. 그러나 1924년에 그는 유대교의 집회에 참석했다. 종교에 대한 그의 관점이 변한 것이라기보다는 박해받는 동포들에게 연대감을 보여 주기 위해서였다.

1930년에 베를린의 유대교 회당에서 아인슈타인이 찍은 사진은 무척 감동적이다. 그 사진에서 아인슈타인은 유대인 모자를 쓰고 바이올린을 들고 있다. 그는 유대인 동포들을 돕는 모금을 하기 위해 바이올린을 연주하던 참이었다. 그의 뒤에는 유대인 동포들의 모습이 보인다. 그때는 상상도 못했지만, 독일에 남아 있는 그들에게는 홀로코스트라는 엄청난 비극이 기다리고 있었다.

아인슈타인은 팔레스타인 지방(지금의 이스라엘)에 유대인의 조국을 건설하려는 시온주의에 흥미를 가지고 있었다. 그렇다고 국가에 대한 그의 생각이 바뀐 것은 아니었다. 그는 일생 동안 시민권을 세 개나 가지고 있었지만, 자신이 진정으로 어떤 나라의 시민이라고 느꼈던 적은 없었다. 그러나 그는 팔레스타인에 조국을 세우는 길만이 유럽의 유대인들을 구원하는 방법이라고 생각했다. 그리고 대학을 세우는 일에도 관심이 많아 예루살렘에 히브리대학교를 설립하는 데 기부를 했다.

이스라엘이 건립된 지 4년이 지나고 초대 대통령인 차임 바이츠만이 죽자, 아인슈타인에게 대통령직을 맡아 달라는 제의가 들어왔다. 하지만 그는 건강이 좋지 않고, 기질상 맞지 않는다는 이유로 그 자리를 거절했다. 그는 자신이 기질상으로 '공직자의 역할'을 수행하는 데 어울리지 않는다고 생각했다.

> **홀로코스트**
> 제2차세계대전 중 나치 독일에 의해 자행된 유대인 대학살. 특히 1945년 1월 27일 폴란드 아우슈비츠의 유대인 강제수용소가 해방될 때까지 600만 명에 이르는 유대인이 인종청소라는 명목 아래 나치스에 의해 학살되었는데, 인간의 폭력성, 잔인성, 배타성, 광기가 어디까지 갈 수 있는지를 극단적으로 보여 주었다는 점에서 20세기 인류 최대의 치욕적인 사건으로 꼽힌다.

1932년 캘리포니아 공과대학교의 교수와 학생들과 함께한 아인슈타인

정든 독일을 뒤로 하고

1932년 겨울, 아인슈타인이 캘리포니아 공과대학교를 방문했을 때였다. 캘리포니아 공과대학교는 아인슈타인이 받을 급료까지 제시하면서 그가 계속 머무르거나 장기 방문자의 자격으로 와도 좋다고 제안했다. 그러나 아인슈타인이 에이브러햄 플렉스너를 만나게 되면서 그가 갈 곳은 다른 곳으로 결정되었다.

1929년에 루이스 뱀버거와 그의 여동생 펠릭스 펄드 부인은 공동 소유의 백화점을 팔았다. 그들은 여기서 올린 수익 중 500만 달러를 교육에 투자하기로 하고, 고등교육의 혁신에 관해 여러 권의 책을 쓴 플렉스너를 찾아와 자문을 구했다. 플렉스너는 그들에게 최고 수준의 창조적인 연구를 할 수 있는 연구소를 설립하라고 충고했다. 플렉스너는 '고등연구소'라는 이름까지 붙여 주었다. 플렉스너는 뱀버거와 펠릭스에게 보낸 글에서 "이 연구소는 작아야 하고, 연구원들도 소수여야 하며, 교수들의 연구 활동은 자유로워야 한다"라고 얘기했다.

연구소를 설립하는 일을 책임지게 된 플렉스너는 실험실을 만들 때 자금이 필요 없는 수학과 이론물리학 분야의 학자를 먼저 채용하기로 했다. 그는 정말로 뛰어난 학자들을 구하기 위해 캘리포니아 공과대학교의 총장 로버트 밀리컨에게 조언을 구했다. 밀리컨은 플렉스너에게 아인슈타인을 추천해 주었다.

플렉스너는 1932년 봄에 옥스퍼드에서 아인슈타인과 만나 고등연구소의 최초의 물리학자가 되어 달라고 제안했다. 아인슈타인은 독일로 돌아와 베를린에서 그를 다시 만났을 때 비로소 그 제안을 받아들였다.

　아인슈타인은 자신의 연봉으로 3,000달러를 제시했다. 그가 어떤 기준으로 이 금액을 생각해 냈는지는 분명하지 않다. 심지어 그는 플렉스너에게 돈을 더 적게 받아도 미국에서 살 수 있냐고 묻기까지 했다.

　플렉스너는 아인슈타인이 세상 물정에 대해 잘 모른다고 생각하고, 연봉 문제를 그의 부인인 엘사와 의논했다. 결국 아인슈타인의 연봉은 16,000달러로 결정됐다. 그 금액은 당시 학자의 급료로는 많은 돈이었다.

　아인슈타인은 베를린을 완전히 떠나는 데 미련이 많았던 것 같다. 그는 다시 돌아올 생각이었는지 5개월의 휴가를 냈다. 그러나 1932년에 마지막으로 카푸트를 떠날 때는 아내에게 집을 잘 보아 두라고 말했다. 아내가 이유를 묻자 그 집을 다시 보지 못할 것이라고 대답했다. 그의 말은 옳았다. 엘사는 1936년에 프린스턴에서 죽었고, 아인슈타인 역시 다시는 독일 땅을 밟지 않았다.

벨기에를 거쳐 미국으로

　1933년 봄에 카푸트의 아인슈타인 별장은 무장 폭도들에게 습격을 받았다. 그때 아인슈타인과 엘사는 벨기에로 향하는 공해상에 있었다. 그들은 그곳의 바닷가 휴양지에 임시 거처를 마련해 놓았다. 다행히도 그는 베를린 국립 오페라 극장 앞에서 자신의 상대성이론이 실린 책이 공개적으로 불태워지는 것을 보지 못했다. 하지만 벨기에도 독일 국경과 가까웠기 때문에 아인슈타인은 납치되거나 암살될 위험이 있었다. 그는 경호원들의 보호를 받게 되었고 주위 사람들에게도 자신이 머무르는 곳을 비밀로 하라고 부탁했다.

당시 필리프 프랑크는 아인슈타인을 만나러 벨기에로 갔는데, 주민들에게 수소문해서야 겨우 아인슈타인이 머무는 집을 찾았다. 그런데 아인슈타인의 집에 도착하자마자 경호원들에게 붙잡히고 말았다. 프랑크는 아인슈타인의 아내인 엘사가 아는 사람이라고 말해 주어서 겨우 풀려날 수 있었다.

9월 9일, 아인슈타인은 벨기에를 떠나 영국을 거쳐 미국에 도착했다. 프린스턴에는 그들을 위해 여관이 예약되어 있었다. 그리고 아인슈타인은 곧 임대 주택으로 이사했고, 2년 후에 머서가 112번지이 집을 샀다.

당시 아인슈타인이 근무했던 연구소는 프린스턴대학교 수학과에서 사용하는 파인 홀의 일부를 빌려 썼다. 1940년에 프린스턴대학교 밖에 연구소 건물을 지을 때까지 아인슈타인은 그곳에서 연구했다. 파인 홀의 벽난로에는 "신은 오묘하지만 사악하지는 않다"라는 아인슈타인의 말이

아인슈타인의 미국이민 비자
아인슈타인은 미국 시민권을 얻기 위해 이민법에 따라 일단 이민 비자로
입국해야 했다.

새겨져 있다.

낯선 땅 미국

아인슈타인에게 미국에서의 생활은 아주 편하지만은 않았다. 그가 미국으로 건너왔을 때는 나이가 오십 대에 접어들고 있었다. 그는 영어와 불어를 조금 알고 있기는 했지만, 의사소통이 가능할 정도는 아니었다. 게다가 오십이 넘은 나이에 외국어를 새롭게 배워야 한다는 것은 쉬운 일이 아니었다. 미국에서도 그와 가장 절친했던 조수와는 주로 독일어로 이야기했고, 아는 사람들에게 편지를 쓸 때도 독일어로 썼다. 독일어는 아인슈타인의 일상 언어였다.

그는 벨기에의 왕비와 정기적으로 편지를 주고받았다. 프린스턴으로 옮겨간 후 얼마 되지 않은 1933년 11월에도 편지를 보냈다.

제가 벨기에를 떠난 이후 매우 친절한 대우를 받았습니다. 그리고 제게 정치적이고 공격인 일들에 대해 침묵하라는 사람들의 현명한 충고를 따뜻하게 받아들이고 있습니다. …… 프린스턴은 예의 바르고 의식을 존중하는 곳입니다. 저는 사회적인 관계에 무관심하며 정신을 집중하여 연구에 몰두할 수 있는 분위기를 스스로 만들어가고 있습니다.

아인슈타인이 미국에서 느끼는 고립감의 대부분은 스스로 만들어 낸 것이었는데, 시간이 갈수록 점점 더 커졌다. 1년 뒤 그는 벨기에 왕비에게 그가 느끼는 고립감에 대하여 편지를 썼다.

유럽에 있는 제 친구들은 침묵을 지키는 저를 '큰바위 얼굴'이라고 부르고 있습니다. 유럽에서 경험한 우울하고 불행한 사건들은 저를 더 이상 아무 말도 하지 못할 정도로 무감각하게 만들었습니다. 저는 제 자신을 전혀 희망이 없는 과학의 문제 안에 가두어 버렸습니다. 제가 나이 들어 이곳으로 건너와 친구를 사귀지 않기 때문에 더욱 그렇습니다.

물리학의 주류에서 비켜난 아인슈타인

아인슈타인이 프린스턴에 왔을 때, 그는 더 이상 양자이론이 모순된다고 주장하지 않았다. 아마도 보어와의 만남을 통해 양자이론에 대해 이해하게 된 것 같다. 그러나 그는 여전히 양자이론이 실재의 많은 현상을 설명할 수 없는 불완전한 것이라 생각했다. 그래서 그 불완전함을 보완하려고 여러 가지 시도를 했다.

아인슈타인은 공리나 기정 사실로서가 아니라 추론으로 양자이론의 결과를 증명하고 싶었다. 게다가 아인슈타인은 전자기와 중력을 통합된 하나의 장 안에 종합할 수 있는 이론을 만들고 싶어 했다. 그는 그것을 '통일장이론'이라고 불렀다. 그는 그 이론에 대한 연구를 숨을 거둘 때까지 계속했지만 어떤 결론에도 이르지 못했다. 하지만 아인슈타인이 1944년에 막스 보른에게 보낸 편지를 보면 '통일장이론'을 만들려는 그의 강렬한 희망을 잘 알 수 있다.

우리는 서로 완전히 반대되는 곳에 서 있게 되었습니다. 당신은 주사위 놀이를 하는 신을 믿습니다. 그리고 나는 객관적으로 존재하는 세계의 완전한 법칙과 질서를 믿습니다. 그리고 광범위한 사색을 통해 나는 법칙과 질서를 이해하려고 합니다. 젊은 동료들은 내가 늙어서 그렇다고 하지만, 심지어 양자이론의 위대한 성공도 나로 하여금 근본적인 주사위 놀이를 믿게 하지는 못했습니다. 내 직관이 옳다는 것을 알게 될 날이 언젠가는 꼭 올 것이라고 생각합니다.

아인슈타인이 통일장이론에 몰두해 있는 사이에 물리학의 주류는 양자이론이 제공하는 통찰력으로 거대한 진보를 이룩하고 있있다. 1920년대 밀에 폴 디랙은 양자이론과 상대성이론을 통합하여 반입자가 존재해야 한다는 예측을 했다. 반입자는, 그 대응하는 입자와 질량은 같으면서도 반대 전하를 띠는 물질이다. 첫 번째로 발견된 반입자는 반전자 혹은 양전자였다. 1932년 미국의 물리학자 칼 앤더

디랙 1902~1984
영국의 물리학자. 양자역학과 상대성이론을 통합하여 새 이론을 만들었다. 전자, 양성자 등의 입자에 대한 상대론적인 파동 방정식을 세워 1933년에 노벨 물리학상을 받았다.

슨이 우주선에서 이 반입자를 최초로 발견했다. 대부분의 물리학자들은 이 발견을 양자이론의 대승리로 여겼다.

 양자역학은 화학 결합의 본질을 설명하는 데도 이용됐다. 즉 양자이론으로 화학 반응이 일어나는 과정과 원자들이 결합하여 분자를 이루는 과정을 설명할 수 있게 된 것이다. 이처럼 양자역학의 응용은 대단히 성공적이어서 폴 디랙은 양자역학이 "물리학의 대부분과 화학의 모든 것"을 설명할 수 있다고 말했다.

 그러나 아인슈타인은 디랙의 저서 《양자역학》을 "그 이론에 대한 가장 논리적인 설명서"라고 인정하면서도, 양자이론이 여전히 그가 '실재'라고 부르는 것을 설명하는 데는 실패했다고 생각했다. 또 핵물리학의 개척 분야에서 양자이론의 성공도 그의 생각을 바꿔놓지는 못했다.

핵무기의 위험성을 알게 된 실라르드

 여기서 레오 실라르드라는 흥미로운 인물을 소개하는 것이 좋겠다. 실라르드는 헝가리 부다페스트의 유복한 유대인 가정에서 태어났다. 그는 1898년생으로 아인슈타인보다 스무 살이나 어렸다.

 그는 공학과 학생이었으나 자신이 물리학과 수학을 좋아한다는 것을 깨달았다. 그래서 그는 1920년에 베를린대학교에 입학하여 공학 대신 물리학을 공부했다. 그는 당시 학교에서 유명한 목요일 오후의 세미나에 참석했다. 거기에는 아인슈타인, 플랑크 등 유명한 물리학자들이 참석했다. 실라르드는 용기 있는 학생이었고 매우 똑똑했다.

실라르드는 통계역학에서 자신의 연구 과제를 찾아 쓴 논문으로 아인슈타인의 격려를 받았다. 그리고 지도 교수인 막스 폰 라우에게 제출하여 학위 논문으로 인정받았다. 실라르드는 무소음 냉장고를 만드는 데도 관심이 많아 아인슈타인의 작업을 도와 여러 개의 특허를 받기도 했다.

실라르드는 이곳저곳을 돌아다닌 후에 영국에서 임시직을 얻을 수 있었다. 중성자가 발견된 뒤 1년쯤 지난 1933년 가을에 실라르드는 러더퍼드의 연설문을 읽다가 영감을 얻었다. 러더퍼드는 에너지원으로서 핵을 이용할 수 있다는 생각을 '헛소리'라고 하였지만, 실라르드는 여기서 연쇄 반응을 생각해 냈다. 그는 핵분열이 분열을 유발하는 데 필요한 것보다 더 많은 수의 중성자를 생산할 수 있다면, 이 새로운 중성자들이 사라지는 과정에서 거의 폭발적인 반응을 일으킬 것이라고 생각했다. 실라르드는 이 생각에 지나치게 몰두한 나머지 그 아이디어가 나쁜 사람들의 손에 들어갈까 봐 걱정이 됐다. 그래서 1934년에 그것에 대해 특허권을 따냈다.

1938년에 독일에서 오토 한과 그의 동료들이 핵분열 현상

러더퍼드 1871~1937
뉴질랜드 태생의 영국 물리학자. 방사성 물질을 연구하여 $\alpha \cdot \beta \cdot \gamma$선을 발견하고 원자 붕괴의 법칙을 확립했다. 원자 내의 양전하가 원자핵에 집중되었음을 밝혔고, 1908년에 노벨 화학상을 받았다.

핵분열
원자핵이 중성자나 γ선 등을 쬐었을 때 같은 크기의 원자핵 두 개로 분열하는 현상을 말한다. 이때 막대한 에너지가 방출된다.

동위원소
원자번호는 같으나 질량수가 다른 원소다. 동위체나 동위핵이라고도 한다. 우라늄-235는 가장 대표적인 우라늄 동위 원소로, 중성자를 먹으면 스스로 핵분열을 하기 때문에 원자로뿐 아니라 핵무기에도 이용된다.

을 발견했다. 그 소식은 물리학계에 거대한 소용돌이를 일으켰다. 당시 미국에 있던 실라르드는 엔리코 페르미가 있던 뉴욕의 컬럼비아대학교의 물리학자들에게 핵분열의 잠재적 위험에 대한 주의를 환기시키기 위해서 자주 들렀다. 실라르드는 그곳에서 월터 진이라는 젊은 물리학자를 만나 그와 함께 핵분열 작용으로부터 방출되는 잉여 중성자를 관찰했다. 이것은 연쇄 반응이 가능하며 핵무기가 만들어질 수도 있음을 의미하기도 했다. 그는 독일을 포함한 다른 많은 나라의 물리학자들도 이 같은 사실을 발견하리라 생각했다.

갑작스런 실라르드의 방문

그즈음에 보어는 핵분열을 일으킨 것이 이 ^{235}U뿐이라는 사실을 알아냈다. 그리고 핵무기 같은 것을 만들기 위해서는 우선 두 개의 동위원소를 분리하여야 한다는 사실을 발견했다. 그래야만 대개 ^{235}U로 구성되어 있는 우라늄의 '연료 공급'이 가능하기 때문이다. 두 개의 동위원소는 본질적으로 동일한 화학 반응을 일으키며 거의 같은 질량을 가지기 때문에, 보어는 그것들을 분리하기가 매우 힘들고 비용도 매우 많이 든다는 것을 알고 있었다. 그래서 그는 "폭탄

프린스턴의 아인슈타인 (1938)

을 만들려면 국가 전체의 노력이 필요하다"라고까지 말했다. 아인슈타인도 핵에너지의 이용 가능성은 "새가 몇 마리밖에 없는 나라에서 어둠 속에서 총으로 새를 맞히는 것"만큼 멀게 느껴진다고 말했다. 그러나 실라르드 덕분에 그의 생각은 바뀌지 않을 수 없었다.

아인슈타인은 1939년 1월에 벨기에 왕비에게 다음과 같은 편지를 썼다.

> 즐거운 기분으로 편지 쓰기가 무척 힘듭니다. 우리가 목격해야만 하는 도덕적 타락과 그것이 가져오는 고통은 너무 커서 한순간도 잊을 수가 없습니다. 아무리 일에 깊이 몰두해도 헤어날 길 없는 비극에 대한 생각을 떨칠 수 없습니다.

아인슈타인은 이제 제1차 세계대전 때 가졌던 평화주의를 포기했다. 그리고 히틀러와 같은 독재자를 막는 유일한 방법은 무력밖에 없다고 확신하게 되었다.

1939년 아인슈타인은 여름방학을 보내기 위해 롱아일랜드 나소 포인트에 집을 빌렸다. 여기서 그는 배를 탈 수도 있었고, 이웃 사람들과 함께 실내악을 연주할 수도 있었다.

그해 7월 12에 실라르드가 그를 찾아왔다. 그때 실라르드는 독일인들이 핵무기를 만들까 봐 걱정하고 있었다. 그리고 그의 친구인 핵물리학자 유진 위그너는 독일이 벨기에를 침략하여 세계 최대의 우라늄 공급원인 벨기에령 콩고를 점령할까 봐 두려워하고 있었다.

실라르드와 위그너는 아인슈타인을 만나서 벨기에 왕비에게 우라늄에 대한 경고의 글이 담긴 편지를 쓰게 해야겠다고 결심했다. 실라르드가 운전을 못했기 때문에 그들은 위그너의 차로 출발했다. 그들은 몇 번이나 길을 헤맨 끝에 아인슈타인이 머무는 집을 찾아냈다.

> **우라늄**
> 원소기호 U. 카노타이트와 같은 광물에 들어 있다. 광택이 있는 백색 고체 형태의 금속으로 화학 반응성이 높아서 가루로 만들어 공중에 뿌리면 불이 붙는다.

아인슈타인은 요트 놀이에서 막 돌아와 피곤했지만 그들이 말하는 것을 진지하게 들어 주었다. 위그너가 연쇄 반응의 개념과 그것이 어떻게 폭탄을 만드는 데 이용될 수 있는지를 설명했다. 그러자 아인슈타인은 독일어로, "나는 그런 일을 전혀 생각해 본 적이 없소"라고 말했다.

아인슈타인은 정말로 핵에너지를 이용할 수 있게 된다면, 그것은 태양을 이용하지 않은 첫 번째 에너지원이 될 것이라는 점에 주목했다. 아인슈타인은 실라르드의 말대로 벨기에인들에게 우라늄 광산에 대하여 경고하기로 했다. 우선, 그는 워싱턴에 있는 벨기에 대사에게 편지를 썼다.

실라르드는 아인슈타인을 만난 것만으로 만족할 수 없었다. 그는 이떻게든 미국 정부의 최고위층에 있는 사람을 만나 핵분열의 잠재적 위험에 대해 알려야겠다고 마음먹었다. 우선 그는 프랭클린 루스벨트 대통령의 경제 자문인 알렉산더 삭스를 만났다. 삭스는 실라르드의 이야기에 감명을 받고, 만약 아인슈타인이 대통령에게 편지를 쓴다면 그것을 전해 주겠다고 약속했다.

실라르드는 헝가리 물리학자인 에드워드 텔러의 도움을 받아 아인슈타인과 함께 대통령에게 보낼 편지를 썼다. 실라르드가 영어로 쓰고, 아인슈타인이 읽고 서명했다. 편지는 다음과 같이 시작한다.

친애하는 대통령께,

최근에 페르미와 실라르드가 한 연구를 보고 가까운 미래에 우라늄이 새롭고 중요한 에너지원이 될 것이라고 기대하게 되었습니다. 그런데 여기서 우리가 주의를 기울여야 할 점을 발견했습니다. 필요할 경우엔 정부의 신속한 대처가 요구된다고 생각합니다.

지난 4개월 동안 있었던 여러 과학자들의 연구는 다량의 우라늄으로 핵 연쇄 반응을 일으키는 것이 가능하다는 것을 보여주었습니다. 그리고 이 반응은 폭발적인 힘과 라듐 같은 새로운 원소들을 많이 만들어 낼 것입니다. 아주 가까운 미래에 그런 일이 일어나리라는 것을 확신합니다. ……

새로운 발견으로 폭탄이 제조될 것이고, 아마도 그렇게 제조된 폭탄은 아주 강력한 폭발력을 가지지 않을까 생각합니다. 만약 이 폭탄을 배로 실어와 항구에서 폭발시킨다면, 폭탄 한 개만으로도 항구와 그 부근을 모두 파괴시켜 버릴 수 있을 것입니다. 그러나 이 폭탄은 너무 무거워서 항공기로 운반하기는 어려울 것 같습니다.

당시에는 폭탄을 만드는 데 얼마나 많은 우라늄이 필요한

지 아무도 알지 못했다. 사실 폭탄을 만들려면 ^{235}U 약 58킬로그램이면 충분했고, 히로시마 폭탄은 B-29 폭격기로 운반됐다.

그래서 그런지 아인슈타인의 편지는 다소 낙관적이다. 실라르드는 핵분열에 관한 연구 자료를 추가하여 8월 중순에 삭스에게 보냈다. 그러나 그때 대통령은 긴급 사안을 처리 중이었기 때문에 10월 11일에야 삭스를 만날 수 있었다. 11월 1일에 독일이 폴란드를 침공하면서 제2차 세계대전이 시작됐다.

핵폭탄의 사용에 대한 아인슈타인의 공포

루스벨트는 삭스와 두 번 만난 다음, 우라늄 자문 위원회를 만들 것을 결심했다. 실라르드, 위그너, 텔러가 이 자문위원회에 참여하게 되었다. 그런데 미국의 핵 프로그램이 제대로 돌아가도록 자극한 것은 영국이었다.

1940년에 영국으로 이민온 오토 프리슈와 루돌프 파이얼스가 원자폭탄 한 개를 제조하는 데 얼마나 많은 ^{235}U가 필요한지를 계산해 냈다. 매우 놀랍게도, 450~900그램밖에 필요하지 않았다. 정제 ^{235}U가 450~900그램만 있다면 핵무기의 생산은 그리 어렵지 않아 보였다. 프리슈와 파이얼스는 계산에 관한 보고서 두 편을 만들어 영국 과학계의 주요 물리학자인 마크 올리펀트에게 보냈다.

수소 폭탄 사용에 반대하여 NBC 방송 카메라 앞에 선 아인슈타인

1941년 여름에 영국 정부는 이 보고서를 검토하고 폭탄을 만들기 시작했다. 이 사실은 10월에 미국에 알려졌다. 미국이 원자폭탄을 만들게끔 자극한 것은 루스벨트에게 보낸 아인슈타인의 편지가 아니라 바로 이 소식이었다. 하지만 아인슈타인의 편지로 이미 우라늄 자문 위원회가 조직되어 있었기 때문에 미국의 계획은 쉽게 시작될 수 있었다.

　최초의 핵폭발 실험은 1945년 7월 16일에 뉴멕시코의 사막에서 있었다. 그리고 그해 8월 6일 오전 8시 15분에 일본의 히로시마에 핵폭탄이 투하되었다. 그 폭발로 수십만 명의 사람들이 사망한 것으로 추산된다. 이 소식을 들은 아인슈타인은 독일어로 "애석한 일이로다"라고 말했다고 한다.

　아인슈타인이 대통령에게 편지를 보냈던 이유는 인류가 원자 에너지를 올바르게 다루기를 바랐기 때문이다. 그런데, 결국은 원자 에너지가 끔찍하고 파괴적인 무기를 생산하는 데 사용됐다는 사실에 공포를 느꼈다. 그는 즉시 핵무기의 확산을 통제하고 또 다른 핵무기의 생산을 막기 위해 결성된 여러 단체에 자신의 이름이 오르게 놔와주었다.

조용히 맞이한 죽음

말년에 아인슈타인은 머서가 112번지에서 여동생 마야, 아내 엘사, 딸 마고 그리고 비서 헬렌 두카스와 함께 살았다. 여동생 마야는 1946년에 뇌졸중으로 쓰러진 뒤, 1951년에 죽음을 맞이할 때까지 병석에 누워 지냈다. 그동안에 아인슈타인은 매일 저녁마다 누이 동생의 방에 들러 책을 읽어 주었다. 그는 고전 작품과 제임스 프레이저의 《황금가지》 같은 책들을 주로 읽었다. 《황금가지》는 인간의 사고가 주술에서 과학으로 진보하는 과정을 연구한 책으로 아인슈타인의 흥미를 끌었다.

아인슈타인은 날씨가 좋고 건강이 허락할 때는 집에서 연구소까지 걸어 다녔다. 사실 이 무렵 그의 건강은 별로 좋지 않았다. 그는 복부 혈관이 비정상적으로 확장되는 병인 동맥류를 앓고 있었다. 이 병은 한번 악화되면 아주 치명적인 것이어서 꾸준히 외과 치료를 받아야 했다. 그는 주치의의 충고에 따라 그토록 아끼던 파이프 담배도 끊었다.

1950년대에 미국과 소련의 냉전이 심해지자 아인슈타인도 미국의 정치적 상황에 대해 걱정하지 않을 수 없었다. 아인슈타인이 1951년에 벨기에 왕비에게 보낸 편지를 읽어 보자.

친애하는 왕비님,

당신이 보내 주신 따스한 사연은 저를 한없이 기쁘게 하며, 행복했던 추억들을 떠오르게 합니다. 왕비님을 마지막으로 뵙고 나서 쓰디쓴 절망으로 가득 찬 18년이란 시간이 흘러 버렸습니다.

그동안 용기와 정직함을 지키는 몇몇 사람들만이 저를 위로해 주었습니다. 제가 그나마 이 땅에서 완전히 이방인은 아니라고 느낄 수 있었던 것은, 바로 그런 몇몇 사람들 덕분입니다. 왕비님도 바로 그런 사람들 중의 한 분입니다.

그토록 매우 비싼 대가를 치르고 독일을 패배시킨 미국이, 이제는 어렵게 찾은 평화의 소중함을 잊어버린 것 같습니다. 어떻게 해야 그들이 제정신을 차리도록 할 수 있겠습니까? 몇 년 전 독일인들이 저질렀던 잘못이 반복되고 있습니다. 미국인들은 별다른 저항 없이 순종하면서 악의 힘과 손을 잡고 있습니다. 그리고 무력하게 방관만 하고 있습니다.

다행스럽게도 아인슈타인의 걱정은 지나친 것임이 드러났다. 아무에게나 공산주의자라는 누명을 씌우던 매카시가 정치적인 힘을 잃으면서 미국의 민주주의는 아무 탈 없이 계속 번성했다. 이방인인 아인슈타인이 미국의 자유주의 전통을 지나치게 과소평가했던 것이다.

아인슈타인은 벨기에 왕비에게 보낸 편지에서 계속해서 이렇게 쓰고 있다.

브뤼셀에 가 보고 싶지만, 그런 기회가 제게 다시 주어지지 않을 듯싶습니다. 제가 얻은 별난 인기 때문에, 제가 하는 하찮은

세상을 떠나기 직전에 서재에서

일도 우스꽝스러운 코미디처럼 TV 화면을 장식하게 되었습니다. 〔당시 뉴스 매체는 아인슈타인이 하는 일이라면, 아이의 숙제를 도와주는 것부터 아이스크림을 먹는 것까지 모두 다 보도했다.〕 결국 저는 집 근처나 돌아다니고, 프린스턴을 떠나지 말아야 할 듯싶습니다.

나이를 먹을수록 제 자신의 연주를 듣는 것이 괴롭습니다. 부디 왕비님만은 저와 같은 고통을 겪지 않으시기를 바랍니다. 이제 제가 할 수 있는 것은 아직도 풀지 못한 과학 문제를 끊임없이 연구하는 것뿐입니다. 연구의 매혹적인 마력만은 제가 마지막 숨을 거둘 때까지 저를 사로잡을 것입니다.

아인슈타인은 이미 죽음을 예상하고 있었던 것 같다. 그가 죽기 몇 달 전인 1955년 4월에 친구에게 "늙은이에게 죽음은 해방처럼 올 것이네. 요즘은 내가 늙어 가고 있어서 그런지 그런 생각이 자주 드네. 죽음이란 결국 갚아야 할 빚인 것 같네"라고 편지를 썼다.

1955년 4월 13일 수요일 오후에 동맥류가 파열됐다. 그는 생명이 위험하다는 것을 알았지만, 생명을 연장하기 위해 아무것도 하려 하시 않았다. 그는 수지의에게 이렇게 말했다.

"나는 내 몫을 다했습니다. 이제 갈 시간이 되었습니다."

그는 곧 프린스턴의 병원으로 옮겨졌고, 아들 한스 알베르트가 찾아왔다. 아인슈타인은 그에게 연구를 계속하고 싶으니 안경을 달라고 했다. 4월 17일 일요일까지 그는 통일장이론의 일부에 속하는 계산을 하고 있었다.

하지만 다음 날 새벽 1시 15분에 침대 옆에서 조용히 죽음을 맞이했다. 물리학 연구의 '매혹적인 마력'도 더 이상 그를 잡아두지 못했다.

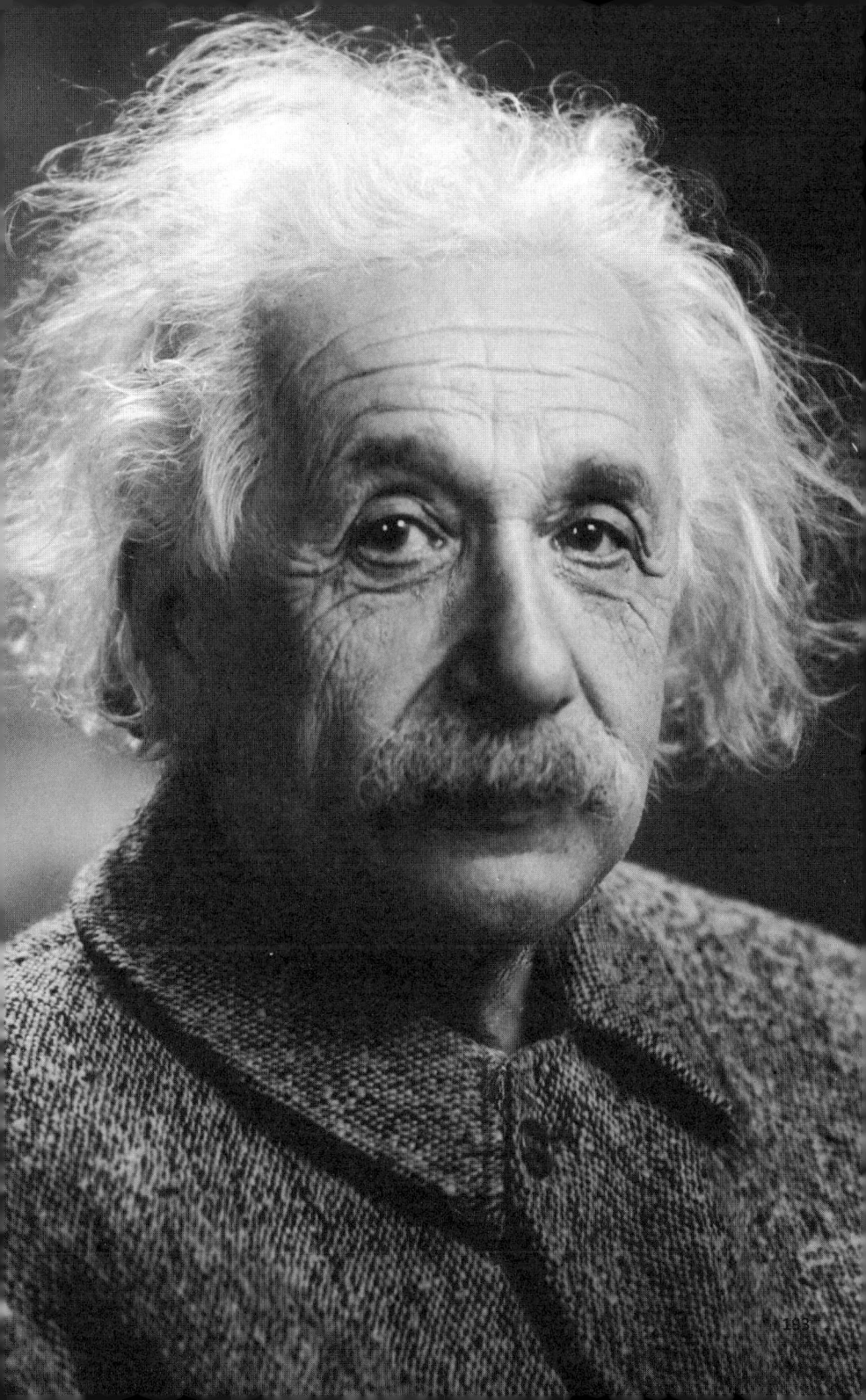

양자이론을 응용한 핵물리학

양자이론이 있었기에 핵반응은 설명될 수 있었다.

원자핵의 가장 두드러진 특징 중 하나는 그것의 질량과 전하가 조화를 이루지 않는다는 점이다. 가장 단순한 원자핵은 양성자로만 구성된 수소 원자의 핵이다. 그런데 수소 다음으로 무거운 원소인 헬륨의 핵은 두 개의 양성자로 이루어졌으면서도 실제 핵의 질량은 거의 양성자 네 개의 질량과 같다. 이것은 헬륨의 핵이 전기적으로 중성인 구성 요소를 포함하고 있음을 뜻한다.

1932년에 케임브리지대학교의 제임스 채드윅이 이 중성적 구성 요소가 양성자보다 질량이 약간 더 큰 독자적인 입자라는 것을 발견했다. 이 구성 요소는 지금은 중성자라고 알려져 있다.

중성자는 전기적으로 중성이기 때문에 핵 연구를 위한 이상적인 기준이 됐다. 그것은 전기적 반발력 때문에 핵에 머무르지 않고, 핵을 완전히 관통할 수 있었다.

곧 여러 국가의 몇몇 단체가 중성자를 매우 다양한 물질의 조사에 이용했다. 이들 중 로마에서 엔리코 페르미가 이끌었던 연구진은 우연히 느

핵폭탄의 원인이 된
핵분열의 파괴적 에너지

린 중성자가 핵반응을 유도하는 데 훨씬 효과적이라는 사실을 발견했다. 느린 중성자는 실온의 기체 입자와 같은 속도로 움직인다.

1935년에 페르미는 한 개의 우라늄 원자의 핵이 한 개의 중성자에 의해 깨어질 때(이것을 핵분열이라고 한다) 소수의 중성자와 함께 붕소와 크립톤 같은 더 가벼운 입자들이 만들어진다는 걸 알아냈다. 이것은 강한 에너지를 생성할 수 있는 반응이다. 하지만 페르미는 우라늄을 알루미늄 박으로 감쌌기 때문에 핵분열을 발견하지는 못했다.

8

아인슈타인의 유산

1955년 4월 18일, 아인슈타인이 세상을 떠나자 전세계는 그를 잃은 슬픔에 잠겼다. 그의 이름은 원자폭탄과 유대인 대학살 등을 포함한 20세기 역사의 굵직한 문제들과 뗄 수 없는 관계를 맺고 있다. 그래서인지 아인슈타인의 사진은 우리에게 가족 사진만큼이나 친근하다.

고독한 천재 아인슈타인

사실 그가 이루어 놓은 과학적 업적은 극히 소수의 사람들만이 이해할 수 있는 것이었다. 대부분의 사람들은 그의 이론이 아주 어려우리라 지레짐작하면서, 막연하게 원자 폭탄과 관계있다는 정도만 알고 있다. 사실 사람들에게 그 유명한 상대성이론이 무엇인지 물어본다면, 대답할 수 있는 사람은 거의 없을 것이다.

아인슈타인은 동시대의 다른 물리학자들과는 달리, 미국에 간 이후로 물리학회에 거의 나가지 않았다. 이따금 프린스턴대학교에서 강의를 하면서, 그가 관심을 가진 몇 개의 세미나에만 참석했다. 그는 스스로를 세상으로부터 격리시켰다.

미국으로 건너온 모든 유럽의 망명자들이 공통적으로 겪는 어려움은 영어가 외국어라는 사실이었다. 하지만 이 문제와는 별개로, 아인슈타인은 미국으로 건너올 때쯤부터 자신이 늙었다고 생각했던 것 같다. 사실 1930년대에 이미 그

만년의 아인슈타인

의 나이는 60대였고 물리학계에서 자신이 이미 구세대에 속한다는 느낌을 받을 수 있는 나이였다.

미국에 건너온 이후, 그는 물리학의 최신 발전에 대해 특별한 관심을 가지지 않았다. 한 물리학자가 그에게 당시 발견된 새로운 입자에 대해 질문하자, 그는 전자도 이해하지 못하는 사람이 어떻게 그것을 알 수 있겠느냐고 반문했다고 한다.

현대 물리학의 아버지

현대 물리학의 기초가 되는 많은 것들을 발견한 아인슈타인이야말로 위대한 고전 물리학의 마지막 주자였다. 그가 받은 모든 교육은 19세기의 산물이었다. 내가 아는 한 물리학자는 아인슈타인에게 양자이론의 개념적 문제에 대한 '해법'을 써서 보냈다. 하지만 아인슈타인은 그 문제가 무엇인지 이해하지 못했기 때문에 그 해법도 이해할 수 없다고 답장을 보냈다.

그렇지만 우리들은 현대 물리학의 많은 부분에서 아인슈타인의 유산에 빚지고 있다. 최근 물리학계에서는 양자이론의 토대들에 대한 재검토가 유행하고 있다. 이러한 조류는 1980년대 초반에 아일랜드 출신의 물리학자 존 벨에게서 시작되었다. 그는 양자를 개연성이나 불확실성의 개념이 아닌 더 확실한 구조로 설명하려는 아인슈타인의 생각을 실험으로 검증할 수 있다고 주장하였다. 이 작업은 현재 몇몇 실험실에서 연구 중이다.

신비로운 우주의 기원

양자이론은 아인슈타인에 의해서 현대적 형식으로 창안된 주제인 중력과 우주론으로 우리를 안내한다. 1965년에 벨 연구소에서 일하던 아노 펜지어스와 로버트 윌슨은 우연히 빅뱅 이후에 남겨진 복사를 발견했다.

이 복사는 마이크로파가 압도적으로 우세한 것으로 레이더에서나 사용되는 종류의 파장이었다. 이것은 절대온도 0도 이상에서 2.74도 정도에 이르는 온도를 가진 흑체 복사였다. 우리는 그것이 약 150억 년 전에 우주가 놀라울 정도로 압축되어 있었던 뜨거운 상태에서 만들어진 것이라 추측할 수 있

> **흑체**
> 모든 파장의 전자기파를 완전하게 흡수하는 물질이다. 가운데가 비어 있는 도자기관의 벽면에 작은 구멍을 낸 것이 실험에 사용되었다. 흑체에서 방출되는 복사에너지는 흑체의 온도와 관계있다.

다. 이러한 기이한 상태는 곧 폭발─빅뱅으로 이어지고, 우주는 팽창되는 동시에 식기 시작했던 것이다. 폭발로 만들어진 이 복사는 빅뱅 이후 약 30만 년 동안 1만 도가 될 때까지 흑체의 형태로 식어갔다. 현재의 온도는 그 이후에도 150억여 년 동안 더 식은 것이다.

펜지어스와 윌슨이 관찰한 것은 우주 최초로 생성된 광자의 흔적이었다. 그들은 이 위대한 발견으로 1978년에 노벨

상을 수상하게 된다. 그들과 같은 해에 노벨 문학상을 받은 아이작 싱어는 사람들이 빅뱅의 '폭발 소리'를 실제로 들을 수 있는지를 질문했다. 대답은 어떤 의미로는 가능하다는 것이었다. 폭발로부터 발생한 복사 양자들(우주에서 1세제곱센티미터당 약 400개 정도이다)은, 전파망원경에 음증폭장치가 연결되어 있을 때 '획' 하는 소리를 낸다.

현재 우리가 알고 있는 우주 팽창을 설명할 수 있는 방법은 프리드만에 의해 수정된 아인슈타인의 중력 등식을 통해서이다. 아인슈타인은 '우주배경복사'가 발견될 때까지 살지 못했지만, 프리드만이 수정한 자신의 중력 등식이 팽창하는 우주에 대해 설명할 수 있다는 점을 인정하였다.

또 한 명의 아인슈타인을 기대하며

아인슈타인의 등식들을 적용시켜 시간을 거슬러 올라간다면 어떤 일이 일어나겠는가? 아마도 무한대로 뜨겁고 밀도가 높은 우주 최초의 상태에 도달할 것이다. 이것은 정말로 기이하며 무한한 에너지의 상태이다.

우리는 이것을 어떻게 받아들여야 하는가? 대부분의 물리학자들은 이것을 추정하기 위하여 우리가 사용해 온 이론에 문제가 있다고 생각한다. 문제가 있는 이론은 일반상대성이론과 양자이론의 합성물이다.

그 두 이론은 전적으로 다른 틀에서 나온 것이다. 아인슈타인이 공식화했던 일반상대성이론은 고전적인 이론이다. 이 이론은 고전 물리학에서 사용되는 시간과 공간의 개념에 기반을 두고 있기 때문에 양자에 대해 전혀 언급하지 않는다. 사실 로런츠나 플랑크와 같은 물리학자들도 그러한 고전 물리학의 틀 속에서 편안함을 느꼈다. 하지만 양자이론에서는 그런 시간과 공간에 대한 고전적 개념은 매우 한정된 경우에만 맞다고 주장한다. 이러한 두 상반된 이론이 양립하려면 이들을 통합할 수 있는 새로운 중력 이론이 필요하다.

우리는 다행히도 위성이나 로켓과 같은 새로운 기구들이 초기 우주에 대한 새로운 단서를 가져다 주는 시대에 살고 있다. 이제 그런 단서들을 엮어서 새로운 이론을 만들어 낼 수 있는 또 한 명의 아인슈타인이 필요한 시대다. 아마도 이 책을 읽는 독자 중의 한 명이 그런 사람이 될지도 모른다.

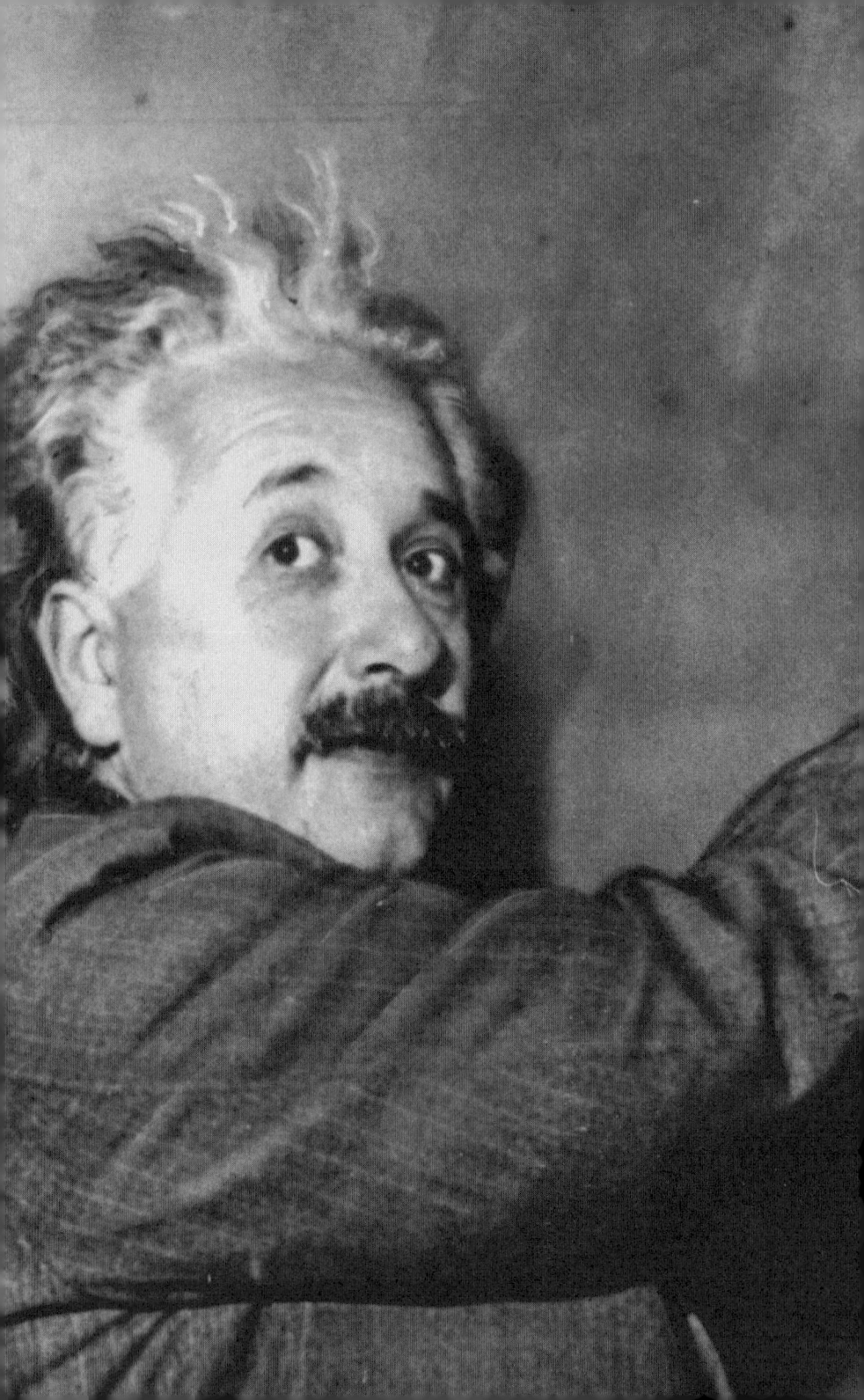

1931년 미국 방문 때 강연하는 알베르트 아인슈타인

저자의 말

내 삶의 방향을 바꾸어 놓은 사람

  1947년, 하버드대학교에 입학할 당시 열일곱 살이었던 나는 과학자가 될 생각은 전혀 없었다. 하지만 많은 사람들처럼 아인슈타인과 그의 상대성이론에 대하여 들은 적이 있었다. 어쨌든 아인슈타인의 발견대로 운동 중일 때 (작동하던) 시계는 느려지고, 물체의 질량은 좀 더 무거워진다는 정도는 알고 있었다. 게다가, 그런 물체들이 빛의 속도에 가까워지면 더 이상 가속될 수 없을 정도로 아주 무거워진다는 것도 알고 있었다. 그리고 나는 공간이 '휘어져' 있으며 '4차원'이 있다는 것을 어디에선가 읽은 적이 있었다. 하지만 이 용어들이 무엇을 의미하는지는 전혀 몰랐다. 내가 가장 흥미롭게 생각한 것은 전 세계에서 오직 7명만이 상대성이론을 이해했다는 점이었다. 그래서 나는 상대성이론이 무엇이길래 그것을 이해할 수 있는 사람들이 그렇게 극소수일까 하는 의문이 들었다.

그 당시 나는 무엇을 이해한다는 것을 아주 좁은 뜻으로 생각했다. 수학을 예로 들면, '수학을 이해한다는 것은 정리를 증명할 수 있으며 기호들을 처리할 수 있다'라는 뜻이었다. 즉 시간과 노력을 들이고 적절한 '참고서들'을 이용한다면 이해하지 못할 것이 없다고 생각했다.

그렇다면 전 세계에서 오직 7명만이 아인슈타인의 상대성이론을 이해했다는 것은, 오로지 7명만이 시간과 노력을 기꺼이 투자했으며 나머지 사람들은 아주 게을렀던 것일까? 아니면 이 말엔 어떤 다른 뜻이 있을까? 나는 이런 질문에 몹시 흥미를 느낀 나머지, 아직 고등학교 학생일 때부터 무모한 꿈을 갖기 시작했다. 비록 과학자가 되려 했던 것은 아니었지만, 내가 상대성이론을 이해한 8번째 사람이 될지도 모른다는 생각을 했다. 그건 에베레스트산을 등정하는 것과 같은 종류의 도전이었다. 하지만 그 꿈을 어떻게 이룰 것인가?

대학에 입학한 나는 강의 요람을 차근차근 살피다가 과학사가인 I. 버나드 코헨 교수가 강의하는 '자연과학 3'을 우연히 발견했다. 그 과목은 그리스 시대의 과학 원리부터 시작하여 2년 전에 히로시마에 투하된 원자폭탄의 원리까지 다루는 개론 과목처럼 보였다. 나는 아인슈타인의 공식 $E=mc^2$을 들어본 적이 있었지만, 그 기호들이 사실상 원자폭탄과 어떤 관계가 있다는 사실도 몰랐다. 그래도 '자연과학 3'이 자연과학 과목들 가운데 가장 쉽다는 말을 듣고는 내게 딱 어울리는 과목이라고 생각했다.

코헨 교수는 글씨를 아주 잘 쓰는 유쾌한 강사였다. 그 강의는 그리스 천문학에서 출발하여 20세기 물리학을 다루며 아인슈타인의 몇몇 견해들을 소개했다. 그는 상대성이론의 다양한 공식들을 소개하면서, 그 도출 과정들은 매우 어렵기 때문에 우리 강의에는 적합하지 않다고 말했다. 그때 그는 전 세계에서 오직 12명의 사람들만이 그 이론을 실제로 이해하고 있다고 말했다. 나는 잊고 있던 꿈을 떠올렸다. 상대성이론을 이해한 사람들의 수가 그 이후 7명에서 12명으로 늘어난 것은 사실이었지만, 13번째가 되는 것 또한 결코 나쁘지 않았다.

나는 꿈을 실현시키기 위해 아인슈타인이 상대성이론에 관해 쓴 책을 찾아 읽었다. 내가 도서관에서 찾아낸 책은 《상대성이론의 의미》였는데 아인슈타인이 1921년에 프린스턴대학교에서 했던 강의들을 바탕으로 한 것으로, 아주 전문적인 책이었다. 하지만 나는 그런 사실을 몰랐고 그저 단순히 그 책을 읽기 시작했다.

상대성이론은 시간과 공간 이론과 밀접한 관련이 있다. 따라서 나는 시간과 공간에 관한 우리 생각의 기원부터 간략하게 탐구하고자 한다. 우선 그렇게 하는 가운데 논쟁의 여지가 있는 주제를 도입할 것이다. 자연과학이든 심리학이든 모든 과학의 목적은 우리의 경험들을 하나의 논리적 체계 속으로 통합하는 것이다. 시간과 공간에 대한 우리의 일상적 생각들은 어떻게 우리의 경험들이 갖는 특성과 연결되는가?

책의 첫 단락을 나는 무리 없이 이해했다.

한 개인의 경험들은 일련의 사건들 안에서 정렬된 것처럼 보인다. 우리가 기억하는 단일한 사건들은, 이러한 계열 속에서 더 이상 분석될 수 없는 '더 이른'과 '더 늦은'이라는 기준에 따라 배열된 것처럼 보인다. 따라서 한 개인에게 '나-시간' 즉 주관적인 시간이 존재한다. 이것 자체는 측정이 불가능하다. 더욱이 나는 더 큰 수를 더 이른 사건이 아닌 더 이후의 사건과 연합시키는 방식으로 수들을 사건들과 연합시킬 수 있다. 그러나 이러한 연합의 본성은 아주 임의적이다. 나는 시계를 이용해서 다른 속성들을 가지고 있는 일련의 사건들의 순서와 시계를 통해 제공되는 사건들의 순서를 비교함으로써 이 연합을 정의할 수 있다.

첫 단락보다는 좀 더 까다롭지만, 이 단락 역시 나는 이해했다고 생각했다. 사실 나는 선·후에 관한 내 개인적인 느낌을 시계에서 증가하는 수들과 연합시킨다는 생각이 오히려 나의 이해를 돕는다는 것을 알았다. 나는 결코 그런 방식으로 사물들을 생각해 본 적이 없었다. 그렇게 나는 한 시간에 한 페이지씩을 그럭저럭 이해하며 상대성이론을 이해하는 13번째 사람이 될 수 있다는 기대에 부풀었다. 그런데 나의 기대는 이 방정식 앞에서 무너져 버렸다.

$$\Delta x'_\nu = \sum_\alpha \frac{\partial x'_\nu}{\partial x_\alpha}\Delta x_\alpha + \frac{1}{2}\sum_{\alpha\beta}\frac{\partial^2 x'_\nu}{\partial x_\alpha \partial x_\beta}\Delta x_\alpha \Delta x_\beta$$

 이 공식을 이해하기 위해 어떤 사전도 내겐 도움이 되지 않았다. 내 모든 계획이 무너져 버렸다.

 도움을 청하러 찾아간 코헨 교수는 내게 내 인생 행로를 변화시킬 만한 제안을 했다. 나는 그 은혜를 평생 잊지 못한다. 그는 봄 학기에 필리프 프랑크 교수가 현대 물리학만을 다루는 좀 더 수준 높은 자연과학 강의를 하는데, 그는 아인슈타인의 좋은 친구였으며 《아인슈타인: 그의 삶과 시대》라는 전기를 이제 막 출판했다고 알려 주었다. 코헨 교수는 자신의 강의와 좀 더 상급의 강의를 동시에 수강하는 것이 내가 상대성이론을 이해하는 데 도움이 될 것이라 말했다. 나는 곧바로 프랑크 교수의 책을 사고 그 강의에 등록했다.

 나는 프랑크 교수가 어떻게 생겼을지 굉장히 궁금했다. 그 역시 아인슈타인의 상대성이론을 이해하는 13사도 가운데 한 명일 것은 분명했다. 어쨌든 나는 강의실에서 프랑크 교수를 기다렸다. 3시가 되자 프랑크 교수가 심하게 다리를 절며 들어왔다.

 프랑크 교수의 억양은 그 뜻을 파악하기가 힘들었다. 시간이 흐르면서 그가 무수히 많은 언어들로 말하고 있는 걸 알게 됐다. 프랑스어, 독일어, 영어, 이탈리아어, 스페인어, 러시아어, 체코어, 약간의 히브리어 그리고 아라비아어 등이 그가 구사하는 언어들의 일부였다. 체코어는 그가 1912

년에 독일대학교에서 아인슈타인 후임으로 물리학 교수직을 맡았을 때 배운 것이었다.

프랑크 교수는 유머 감각이 굉장히 뛰어난 사람이었다. 그는 나중에 아인슈타인 역시 자신과 마찬가지였다고 말했다. 그의 말에 따르면, 당시 20대였던 아인슈타인과 프랑크는 단골 커피점에서 농담을 주고받으며 이야기를 나누었다고 한다. 아인슈타인이 농담을 즐겨 했다는 얘기를 들었을 때 나는 한 젊은이로서의 아인슈타인의 모습을 떠올렸다.

나는 그의 뉴턴에 대한 강의를 듣고 나서 비로소 사과의 낙하에 관한 유명한 이야기가 실제로 무엇을 뜻하는지 이해했다. 그는 뉴턴이 '사고 실험'을 즐겼다고 했다. 아인슈타인도 그런 종류의 '사고 실험'에는 정통했다. '사고 실험'에서는, 실제로는 해 볼 수 없지만 이론상으로는 가능한 새로운 생각들을 상상할 수 있다.

프랑크 교수는 그리스인들이 상상하지 못한 기하학이 있으며, 이것들이 중력에 관한 아인슈타인의 견해에 중요한 역할을 했음을 알려 주었다. 그의 강의는 신중하면서도 점점 더 많은 것을 이해할 수 있게 도와주었다.

한편, 나는 나른 것들도 깨닫게 됐다. 수학과 물리학을 좀 더 배우지 않고는 상대성이론을 결코 이해할 수 없다는 사실이었다. 한편 그 무렵 나는 전 세계에서 오로지 12명만이 상대성이론을 이해한다는 말이 일종의 농담이었음을 알게 됐다. 일선의 모든 물리학자는 그 이론을 잘 이해하고 있어야만 했다.

물리학자가 되자고 결심하지는 않았지만, 나는 이해의 수준을 한 단계 더 끌어올리기 위해 2학년 동안 충분히 수학과 물리학을 공부하기로 결심했다. 2학년이던 나는 1학년 물리학을 수강했고, 초급 미적분도 들었다. 프랑크 교수의 또 다른 강의도 들으면서 그에 관해 알아나가기 시작했다.

2학년 봄 학기에 나는 또 한 가지 무모한 생각을 하게 됐다. 프린스턴에 있는 고등연구소에 찾아가서 아인슈타인과 만나려고 했던 것이다. 그에게 무엇을 물어보려고 했는지는 기억나지 않는다.

나는 그에게 편지를 썼다. 그와 같은 편지를 수백 통도 더 받았을 아인슈타인이 내 편지에 답장을 해줄 것이라고는 생각지도 않았다. 그러나 운 좋게도 프랑크 교수가 프린스턴으로 아인슈타인을 만나러 가서 내 이야기를 한 모양이었다.

매우 놀랍게도, 아인슈타인은 6월 초에 내게 답장을 해주었다. 나는 그것을 액자에 넣어 보관하고 있다. 1949년 6월 3일에 쓴 그 편지에는 프린스턴 머서가 112번지에 있던 그의 집 주소가 적혀 있다. 답장은 다음과 같았다.

친애하는 번스타인 씨,
당신께 나의 논문을 동봉해 보냅니다. 저는 오해를 피하기 위해서 구두 인터뷰는 하지 않겠습니다.

A. 아인슈타인

결국 나는 아인슈타인을 만나지 못했다.

1952년 가을 내가 대학원에 막 입학하였을 때, 친구 중 한 명이 고등연구소에 임시 회원으로 입회 허가를 받았다. 그는 나를 프린스턴으로 초청하여 연구소를 구경시켜 주었다. 캠퍼스를 돌아다니며 시간을 보내던 우리는 시내를 향해 차를 몰고 출발하였다.

그리 멀리 가지 않았을 때, 친구가 손가락으로 창 밖을 가리켰다. 차창 밖으로 혼자 산책 중인 아인슈타인의 모습이 풍경처럼 지나갔다. 얼굴에 깊은 주름이 팬 그는 선원용 자켓을 입고 선원들이 쓰는 것 같은 청색 모직 모자를 쓰고 있었다. 그는 아주 천천히 걷고 있었다. 그는 우리를 전혀 의식하지 못하는 것 같았다. 사실은 아무도 의식하지 못하는 것 같았다.

나는 차를 세우고, 그가 현대 과학에서 이루어 놓은 업적과 그의 인간주의에 감사라도 하고 싶었다. 그러나 그는 너무 깊은 생각에 잠겨 있었다. 그토록 만나보고 싶었던 아인슈타인이었지만, 그의 깊은 사색을 깨뜨리고 싶지 않아 나는 계속 차를 몰았다.

· 연대기 ·

1879년	3월 14일, 오전 11시 30분 독일의 울름에서 헤르만과 파울리네 아인슈타인 사이에서 태어나다.
1881년	아인슈타인의 누이 마리아(마야)가 태어나다.
1888년	뮌헨의 루이트폴트 김나지움에 입학하다.
1894년	가족이 이탈리아로 이주하다.
1895년	이탈리아의 가족과 재회하다. 가을부터 스위스 아라우의 고등학교에 다니기 시작하다.
1896년	취리히 연방 공과대학교(ETH) 입학. 1900년에 졸업하다.
1902년	베른의 특허국 심사관이 되다.
1903년	밀레바 마리치와 결혼. 1904년 장남 한스 알베르트가 태어나다.
1905년	$E=mc^2$임을 밝혀 현대 물리학의 기초를 수립한 '기적의 해.'
1908년	베른대학교에서 처음으로 강의하다.
1910년	차남 에두아르트가 태어나다.
1911년	강의를 위해 프라하로 이주. 다음 해에 ETH에서 가르치기 위해 다시 취리히로 돌아오다.

· **Albert Einstein** ·

1914년   베를린으로 이주. 밀레바와 결별하다.

1916년   일반상대성이론과 중력에 관한 논문을 발표하다.

1919년   밀레바와 정식 이혼하다. 일반상대성이론을 입증하다. 그의 사촌 엘사와 결혼하다.

1921년   노벨상을 수상하다.

1932년   독일을 완전히 떠나다.

1933년   프린스턴 고등연구소 교수가 되다.

1936년   엘사 아인슈타인 사망하다.

1939년   루스벨트 대통령에게 핵에너지의 위험성을 경고하는 편지에 서명하다.

1940년   미국 시민권을 취득하다.

1951년   누이 마야가 사망하다.

1955년   4월 18일, 오전 1시 15분에 프린스턴 병원에서 사망하다.

아인슈타인
어떻게 상대성이론을 알아냈을까?

초판 1쇄 발행 2025년 8월 20일

지은이 제레미 번스타인
옮긴이 이상헌
책임편집 이기홍
디자인 윤철호 박다애

펴낸곳 (주)바다출판사
주소 서울시 마포구 성지1길 30 3층
전화 02-322-3675(편집) 02-322-3575(마케팅)
팩스 02-322-3858
이메일 badabooks@daum.net
홈페이지 www.badabooks.co.kr

ISBN 979-11-6689-328-5 03400